好狗狗四星期教育小學堂

不打不罵，再皮的狗狗都能教得乖

制定
行程表

用愛教出好狗狗，就能一輩子幸福在一起

狗狗用一輩子陪伴我們，正確的教育就是對他們最好的回報。流浪狗出現最大的原因就是因為人類自私棄養，而棄養最大原因，則是人們不懂養育狗、不懂狗思考模式以及生活模式，因此，本人編寫此書的目的是讓大家知道如何正確教育狗，達到減少棄養、減少流浪狗的問題。

1996 年，感謝父母栽培移民加拿大讀書。當時半工半讀的第一份工作就是在寵物店上班，在見識到了北美西人對狗的觀念和華人的真有很大的區別之後，更加深我要對狗行為的深入研究。也趁著寵物店出售著很多不同犬類幼犬，我學習到不同犬種的獨特個性。

然而，多數在坊間有關狗類的書籍總很片面，甚至在這期間也去跟著一些訓練師實習教狗，仍覺得不夠正確，很多的疑惑多數訓練師還是無法完美解答。於是在 2005 年我在 ICS 上報名長達一年「狗服從指導師」課程，也在一年後正式拿到北美證書，開始在溫哥華以正確知識教育狗。

然而，我對在書籍中學到的知識總感到很表面，甚至在這期間也去跟著一些訓練師實習教狗，仍還是覺得不夠有深度，很多的疑惑他們還是解答不出來。於是在 2005 年我報名學習有關狗的教育知識，也在一年後正式拿到北美證書，開始在溫哥華教育狗。

我是第一位提倡以「加強正面行為教育基礎」的華人狗教育師。我花了無數的時間來改變華人教育狗的固有觀念。在這一段期間，我成功教導過無數讓其他訓練師束手無策、被狗學校退學的頑皮狗狗；我也深入去了解為其他訓練師會失敗的原因。這些成功經驗讓我更加證明：有效教導狗狗的方法，除了利用加強正面行為教育的方法之外，更要能解讀每隻狗的獨特個性和環境對牠們的影響，才能正確的對症下藥去解決牠們的行為問題。

有鑑於台灣流浪狗的問題日益嚴重，在 2015 年，我回到台灣開了無數教育講座來提供更多養育教育狗相關知識。對於我而言，流浪狗根源是什麼？是我們人類的自私棄養和不當教育造就了流浪狗的問題，把原本一件美好的養育狗變成了生活中的負擔，以致於棄養問題愈來愈嚴重。愛狗狗，也需量力而為，故在養狗狗之前，望請諸位愛狗人士做好考量。為此，在書中我也特闢一章節完整説明。

在這本書裡我也提到許多真實教育狗狗的案例，希望您或身邊朋友若有遇到相似的案例，不妨利用書本所提到的方法從狗狗心理為出發點來改善行為問題，別急著解決問題，而忘了引發問題的根源在哪裡。舉個簡單的例子：若是一個四歲小孩有偷竊行為，您是會希望藉由懲罰讓小孩停止偷竊，還是由心理層面找出其偷竊行為的根源，藉以徹底消除偷竊惡習？教育狗狗是同樣的道理。

另外，在此書裡我特別分享集結無數次實際成功案例的「好狗狗四星期教育課程」，這是我累積教育生涯十幾年經驗而成的教育精華，讓毛爸毛媽在沒有指令以及點心賄賂前提下，以心理層面為基礎來正確教育狗。只要好好照著書中四星期的課程來教狗狗，就能讓狗狗更加乖巧聽話，而且不論是幼犬或成犬都非常適用喔！

這本書撰寫的過程是經過很長時間，力求完美的我，不希望讀者在閱讀時吸收到任何糊模的資訊，懷著戰戰兢兢的心，不斷的校稿再校稿，把十年多經驗匯集起來，希望所有毛孩父母都能受惠。在這裡要謝謝各位讀者願意花時間閱讀此書，毛孩花了一輩子跟著我們，就讓我們從現在起也負起責任，用正確的方法好好教育毛孩們，讓牠們跟著我們能幸福的生活一輩子。

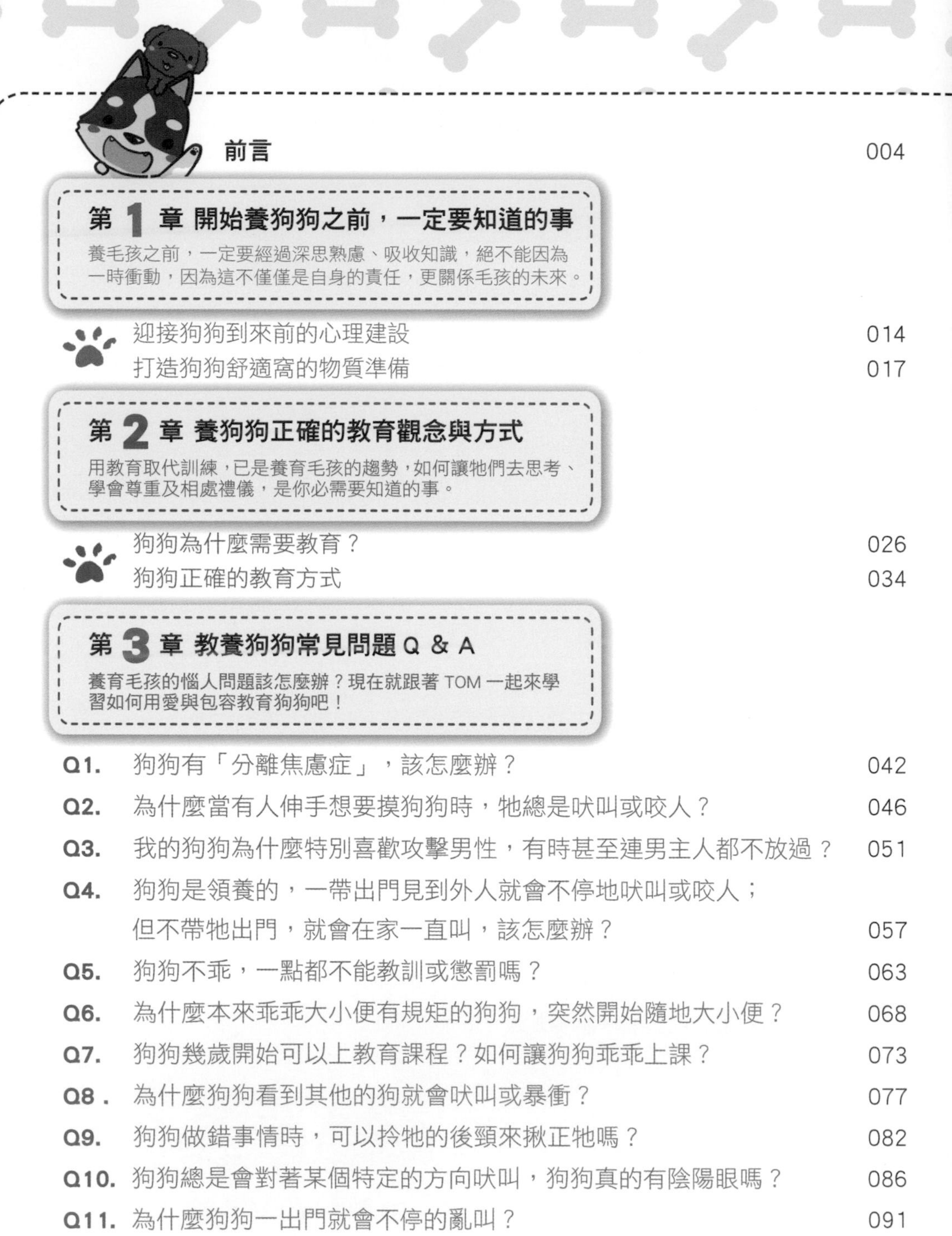

第 4 章 教養狗狗常見問題 Q & A

新手毛爸毛媽看這裡！讓 TOM 告訴你，如何讓新成員快速融入家庭生活，成為人見人愛的好狗狗。

開始養狗狗之前，一定要知道的事

- 迎接狗狗到來前的心理建設
- 打造狗狗舒適窩的物質準備

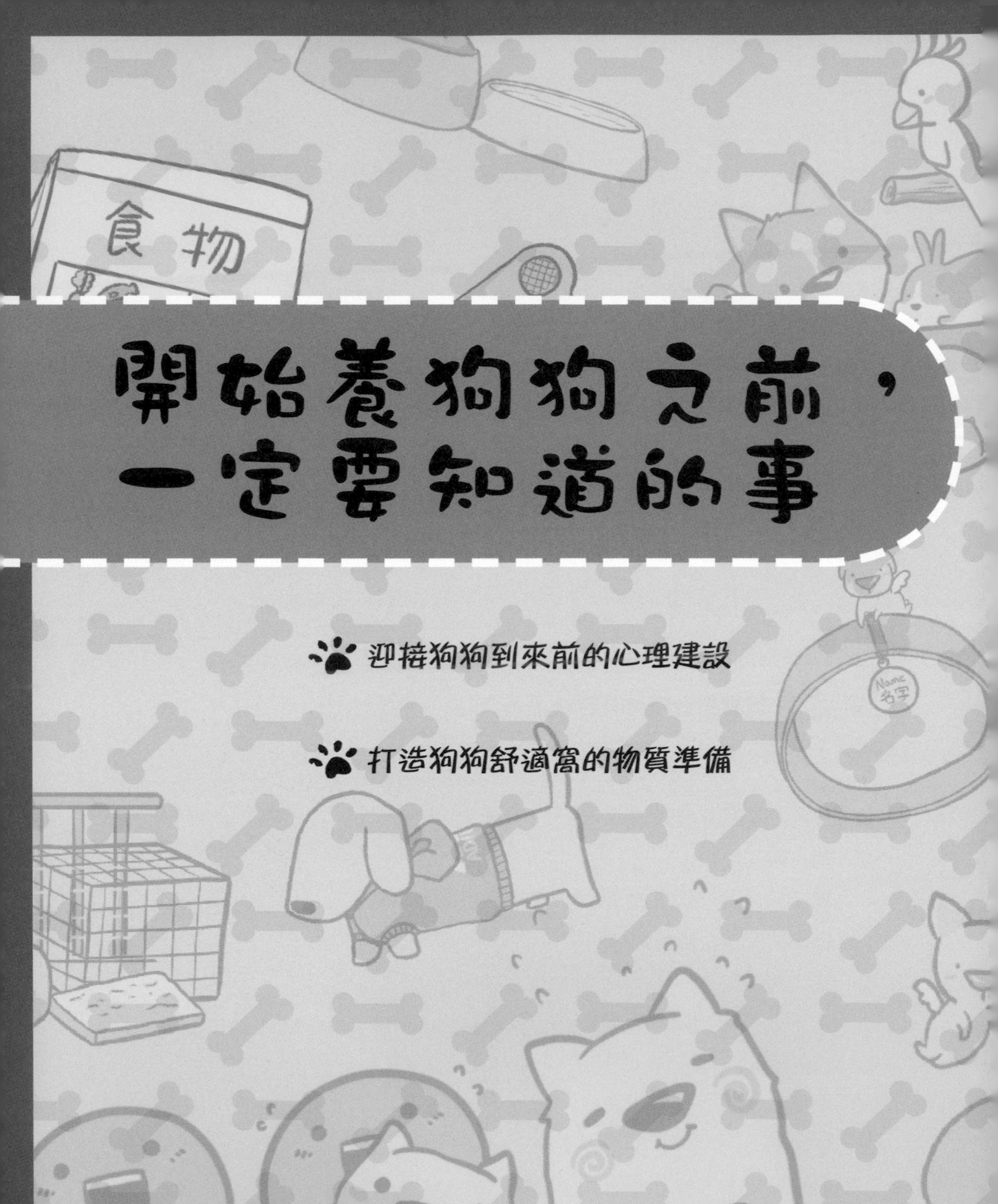

養育狗狗，絕對不能只是一時衝動而已，要經過深思熟慮，要經過吸收知識，因為，這不僅僅是自身的責任，我們所背負的還有社會責任，所以，在養育狗狗之前，有哪些事你必須要知道？又有哪些因素需要考量，或是需要做足哪些準備呢？

第1章 開始養狗狗之前，一定要知道的事

迎接狗狗到來前的心理建設

狗狗從以前的室外生活，到近百年來開始和人在室內居住在一起，儼然已成為家庭的一分子，所以在養育牠們時，自然不能忽略牠們不僅僅是「狗」而已，更多的是牠們就像學齡前的孩童，一切都是靠本能和過往經驗來和我們互動。

所以，養育狗狗，絕對不能只是一時衝動而已，要經過深思熟慮，要經過吸收知識，因為，這不僅僅是自身的責任，我們所背負的還有社會責任，一旦養育，就不要丟棄！對待狗狗就要像對學齡前的孩童一樣，要有包容力、愛心、恆心和耐性。

飼養之前 必需考量的因素

一、生活方式：

不同品種的狗狗適合不同生活環境、不同生活習慣和不同地區的主人。

例如，以大型犬大丹狗來說，就不適合居住在小套房裡的人來飼養；運動型的品種，如黃金獵犬、拉布拉多，就較適合平日戶外活動量大的飼主，因為牠們在平時需要利用大量的運動來消耗多餘的精力，若是精力沒有消耗，很容易因此就破壞家中物品。

以下問題可以幫助您在養育狗狗之前，根據自身的環境和生活方式來評估自己適不適合養狗，以及如何選擇狗狗品種：

以居住的地區和型態來考量：

若您是住在市區的小套房、公寓或樓中樓，建議小型犬比較好；若是在郊區居住，住宅環境有較大的空間，則可以選擇養育較大的品種。

住家附近有沒有狗公園或讓狗活動的地點：

因為狗狗需要一定的運動，

才能達到身心的平衡，所以這也是飼養狗狗之前需要考慮的一點。

自己是屬於愛運動的人還是喜歡窩在家：
如果不喜歡運動，千萬不要選擇精力充沛的品種。

上班或上課的時間長短：
如果是長時間上班上課的人，家裡有沒有人會幫忙照顧呢？狗狗就是小孩子，不適合長時間自己獨自在家，還是需要有人陪伴的哦。

家裡有沒有小孩或小嬰兒：
如果有，建議從選擇一隻脾氣好的狗狗開始。

有沒有飼養其他的寵物：
家裡若有其他的寵物，更要小心選擇狗狗的品種，性情穩定溫順的品種比較合適。

二、經濟能力：

不管是領養還是購買，飼養狗狗還是要考慮一些額外的費用產生。千萬要記得，養育狗狗和養育孩童一樣，不只要對自己負責、對社會負責，更要對狗狗一輩子負責，流浪狗最大的起源就是因為人的不負責導致，所以再次提醒，養育狗狗，絕對不能只憑一時的喜好衝動和一時的自私慾望， 一定要再三評估與確認。

打造狗狗舒適窩的物質準備

毛爸毛媽為迎接狗狗進入家庭，到底應該準備哪些合適的用具或必需的工具呢？

面對寵物店琳瑯滿目的商品，常讓飼主看得眼花撩亂，加上所有幼犬都有自己不同的需求，以下就為大家介紹飼養狗狗時必備的各項生活用品，新手父母可以參考，提前做好準備迎接新成員的加入哦！

一起來認識狗狗生活必需品

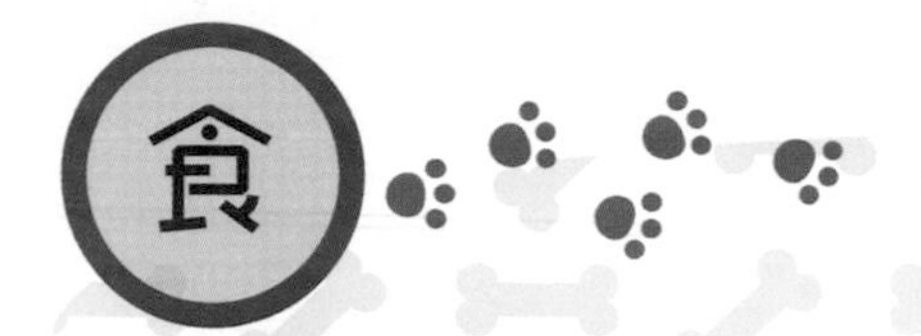

飯盆

有些新手父母用自己的食用瓷器飯碗給幼犬當飯盆，基本上不建議，因為我們食用的碗大都重心不穩，加上幼犬好動愛玩，一不小心將碗弄破，很容易割傷幼犬，建議還是要購買幼犬專用飯盆，例如，**幼犬較調皮或正在長牙階段，建議選擇耐摔、適合咬的材質較好**，不僅讓狗狗養成良好的用餐習慣，也保護狗狗的安全。

水盆

水盆最好是用陶瓷做的，才有重量，不容易打翻。尤其幼犬都愛玩，若是水盆不夠重，很容易踩到打翻。另外，水盆裡要時時保持新鮮乾淨的水。

食物

食物選擇性繁多，但因為**幼犬時期，需要完整的營養，建議先使用市面上的幼犬狗糧**，目前大部分知名大品牌都有針對幼犬提供完整營養的狗糧，可以比較、選擇。

當我們剛開始在教育幼犬時，也可以先用主食（狗糧）來做為獎勵好行為的工具哦。

點心選擇性非常多，餅乾、肉片、肉條、起司……等等。

點心的用途通常是用來做為稱讚獎勵用的，所以點心不要給太多，最好撥成小小片小小片的給，一次給太多，幼犬容易不吃主食。

下雨的時候，帶幼犬出門可防止其淋濕感冒。

短毛狗、小型狗比較容易失溫，天氣冷時，就很需要穿件毛衣保暖了。

可愛衣著

幫幼犬穿上可愛的衣服能增加吸睛程度，但要注意，**衣服一定要選擇透氣的材質；天氣炎熱時也千萬不要再給狗狗穿衣服**，以免牠的毛被一直悶著，容易有皮膚病。

涼感衣

在炎熱夏天裡，幼犬較容易中暑，可購買市面上狗專用涼感衣讓幼犬涼爽。

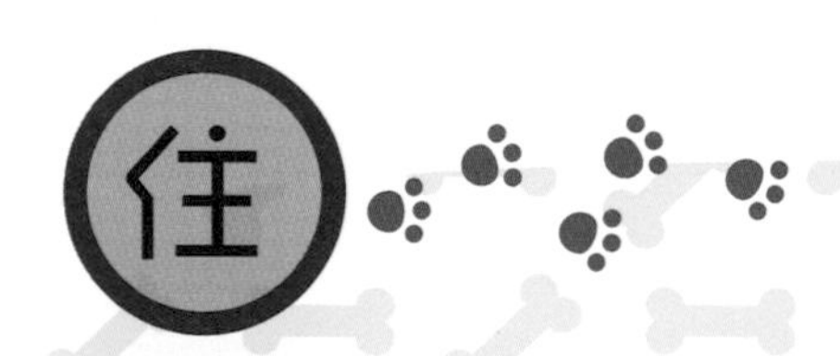

住

狗籠

狗籠是幼犬睡覺、休息、躲藏的私人空間，裡面可以放置毛巾、狗骨頭。**幼犬剛進家門時，可能會怕生，可以把毛巾包住暖水袋來模擬母狗的體溫，讓幼犬更安心。**

發育期的幼犬需要一天睡 15 小時以上，當牠在休息時，千萬不要打擾牠，這時狗籠剛好可以作為幼犬舒適的休息空間。

圍欄

幼犬剛到家時，如果讓幼犬自行到處跑，很容易到處亂廁所，或亂咬物品，這時可在圍欄裡放置尿墊，因為圍欄空間小，能夠讓幼犬比較容易找到尿墊位置，所以**圍欄的作用是讓幼犬不會到處亂廁所。**

另外，若幼犬廁所之後，飼主沒有時間立刻處理，也可讓幼犬先在圍欄裡玩耍；或是如果白天長時間主人不在家，幼犬放置在圍欄裡，也可防止牠破壞家具或亂咬物品。

床墊

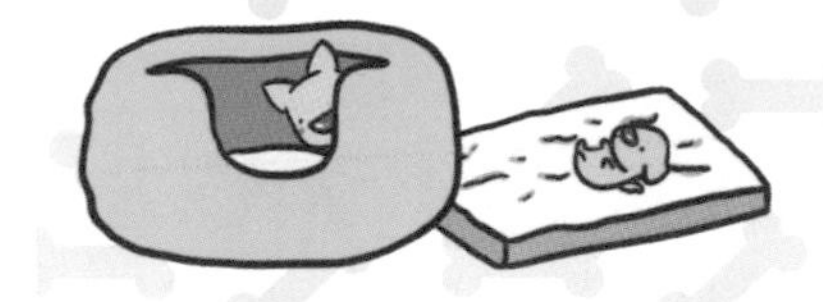

幼犬需要一個溫暖的窩，床墊可以放在狗籠裡或室內，供幼犬玩累時能夠暫時休息一下。

幼犬長至成犬時期，也會喜歡待在床墊上休息。

項圈

要讓幼犬在小時候就習慣項圈，項圈上可以放置名牌，以防幼犬不小心跑掉，別人可藉由名牌上的資料找到主人。

幼犬用的項圈盡量選擇材質舒適為主，不要太貴，因為幼犬會長大，而且項圈也容易被咬壞。（我曾經不下一次看到新手狗父母買名牌狗項圈給幼犬，下場是很快就被咬爛了。）

牽繩

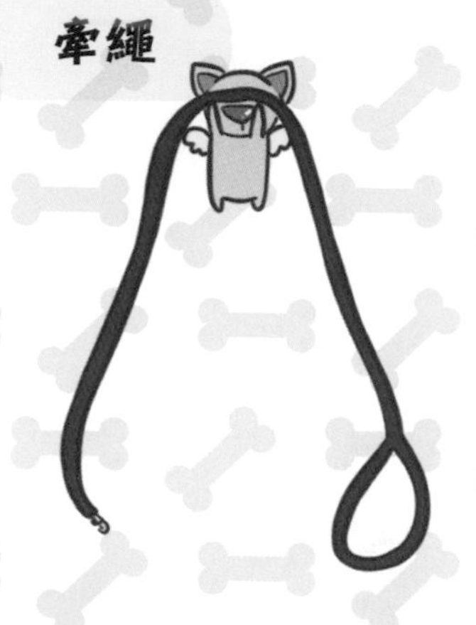

從小就要讓幼犬習慣牽繩。牽繩有分伸縮牽繩和固定長度牽繩。伸縮牽繩普遍用於帶出門上廁所、遠距離召回，但要特別注意，**伸縮牽繩帶出去散步時，請一定要固定長度**，如果長度不控制，幼犬很容易跑出馬路，造成意外。

在有人看管時，可讓幼犬繫著牽繩在家自己跑，能幫助幼犬更習慣牽繩。

胸背帶

基本上，小型犬、短脖子犬類帶出去散步時，盡可能用胸背帶來保護幼犬脆弱的脖子。

益智玩具

可以在益智玩具裡放些小點心，讓幼犬可以動動腦筋和花點心思想辦法把點心找出來吃，增加狗狗自行玩樂的時間。

玩具

玩具是養育幼犬時非常必備的，但千萬不要拿小孩子的絨毛玩具給幼犬，裡面的棉絮若不小心吞下去，會堵塞幼犬腸胃，造成不必要的危險。

狗狗專屬的絨毛玩具大都不含棉絮，但幼犬通常會有撕咬絨毛玩具情況，要注意觀察。

耐咬骨頭

骨頭不但是必要的，而且也是能防止家具被咬爛的重要工具。幼犬無聊時，也會靠咬骨頭來消磨時間。

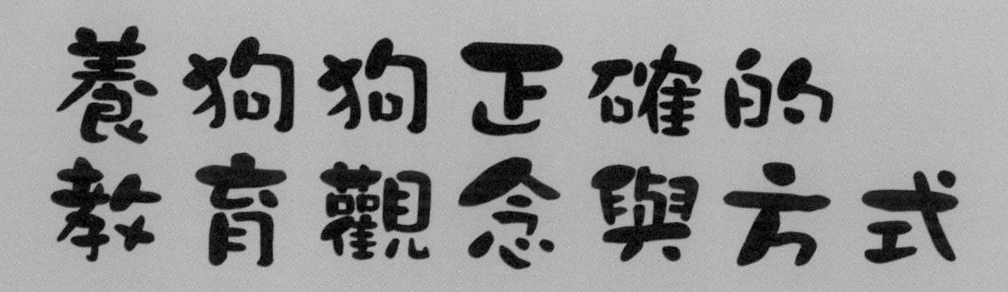

養狗狗正確的教育觀念與方式

- 狗狗為什麼需要教育？

- 狗狗正確的教育方式

教育和訓練大不同！用教育取代訓練，在未來的社會必定成為趨勢，不用指令，不用告訴狗狗應該做什麼，而是讓狗狗自己用腦力，自己去思考，學會尊重，學會與人類和其他動物的相處禮儀，這就是教育的最大作用與目的。只要跟本書一起和狗狗來練習，你，也可以在家裡做好教育狗狗的工作哦！

第2章 養狗狗正確的教育觀念與方式

狗狗為什麼需要教育？

教育和訓練的不同

何謂教育？和訓練有何不同？美國的杜威說：「教育是生活」；英國的斯賓塞說：「教育是為未來生活準備」。在現代社會，當狗狗已經從戶外住進了家中，牠們便是家庭的一分子，舊有的訓練方式慢慢地已經不適合牠們，**取而代之的應該是不用指令來訓練，而應該像教育小孩一般來教育牠們。**

教育，就是不用指令，不用告訴狗狗應該做什麼，而是讓

狗狗自己用腦力，自己去思考，學會尊重，學會與人類和其他狗狗或動物的相處禮儀，這些都是不需要任何指令的，這也是我從不稱自己為訓練師，而是「教育師」的原因。

用教育取代訓練，在現今社會雖尚未普及，但在不久的將來，勢必成為必須，大家將會意識到教育才是狗狗所真正需要的。另一方面，訓練狗不過是讓狗經由指令而做到指定動作，這一點，利用點心利誘或強制性即可達成，那麼主人的存在與否對狗狗的訓練就沒有太大的意義。如何讓狗狗正確的由心出發，做到我們期待的事情，才是「教育」的目的。

好狗狗教育的三大要素

教育狗狗正和小孩教育的方針一樣，有三大要素：信任、尊重、服從；教育不是高壓政策（失去尊敬），也不是打罵威脅政策（失去信任），更不是靠點心來讓狗狗暫時性服從（賄賂性服從）；而是由耐心以及愛心（得到信任）、一致性以及一貫性（得到尊敬），讓狗狗打從心底服從主人。所以狗狗和主人間的良好關係對教育占有很大的影響關鍵，而大多數的狗狗也都喜歡鼓勵和友好的教育方式。

第一要素：信任

幾乎是所有關係的第一步，無論是人際關係、親子關係、情人關係、主人和寵物之間的關係等等，都脫離不了信任，缺少信任，再多的點心，都是賄賂。

建立信任很簡單：

第一點 ，拋棄所有打罵！記得，飼主要擔任的角色是教育者，不是教訓者，一旦不分青紅皂白的教訓，狗狗對飼主的信任開始破裂，自然會引發更多行為問題。

第二點 ，利用「加強好行為」的方式管理狗狗；忽略壞行為，加強好行為，採取一致性、一貫性的態度，自然狗狗會打從心裡信任你。

第二要素：尊重

當有了信任之後，第二步就要開始讓狗狗學會尊重。

許多人認為養狗就是要對狗兇，靠打罵來建立權威。請注意，尊重不是靠打罵來得到，更不是靠威脅來建立，當我們利用不正確的方法去對待狗，我們就是不尊重狗，那麼狗狗還會來尊重我們嗎？

尊重，除了在狗狗做對事情時去稱讚和去加強之外，還要靠平時有效地正確管理狗狗的食衣住行，藉由制訂時間表來取得管理權。當我們開始正確管理牠們的食衣住行，設下在家庭裡該有的規矩後，加上一致性和一貫性的實行，自然，牠們便會來尊重我們。

第三要素：服從

當狗狗已經具備了對飼主的信任和尊重之後，自然的便會從心理開始想討好飼主、得到飼主的重視和稱讚，於是所作所為也必定是由心裡想做到正確，避免做錯，那麼「服從」就形成了。

通常我們看到服從性訓練都是先用點心來吸引狗的注意力，但訓練到後期，並不是用食物來讓狗服從，就像服從性比賽，嚴禁利用點心來引導狗；也嚴禁利用牽繩來引導狗一樣，一切都是要讓狗狗由心中徹底服從。

不罵不打更能教出好狗狗

自從我開始教育狗狗開始，就算是極度有攻擊性、極度膽怯或極度不懂社交的狗，都是靠信任，尊重，和服從來教導。

有了信任和尊重，具有攻擊性的狗在開口咬人之前一定會先考慮一下，例如，在教導具攻擊性的德國狼犬時，都是靠先建立信任關係，進而制訂每天的日常生活行程管理來取得尊重，等到一定的尊重程度建立起來後，就算狗狗真的生氣想攻擊時，也都會先三思，即使下口也不會大力。

另外，**千萬不可用蠻力，或用暴力來控制有攻擊性的狗**。常常見到或聽到很多不懂狗的行為師或指導師亂使用蠻力，以試圖讓狗害怕，結果卻導致狗的攻擊行為更加嚴重。

狗與人的關係是相輔相成，我們對狗狗好，牠們也會對我們好。膽怯的狗、心思細膩的狗尤其更不能打罵！打罵之後造成的心理陰影是非常嚴重且長久的。許多因為小時候膽小、心思細膩，長大後膽怯想自保而攻擊的狗狗非常多，加上此攻擊行為常被人誤解，常被以錯誤的方式來教育，導致問題更加嚴重！所以我要再次重申，絕大多數的幼犬都喜歡被鼓勵和友好的教育方式。

我教導了無數因為膽小有攻擊性而被其他訓練師誤解因此教壞了的狗狗，在初期，光是要建立信任都要花上好一段時間，尤其牠們天性就是怕人，更增加了難度。不過只要有耐心，多怕人的狗最終都能重新相信人的。我常見一堆行為學家或訓練師只是就行為問題而嘗試改變，但忘了最基本去了解行為問題的根源所在，一旦教不會，就一直換方法。試想，若是一個才四歲的小孩，已經開始有偷竊行為，我們作為成年人，是應該一味懲罰他偷竊的行為以達到喝止效果；還是嘗試去全方面了解他偷竊的動機，進而阻止偷竊行為？

顯而易見，答案當然是後者。

教育狗狗是要以真正的態度去面對幫助狗

狗的行為問題，無論是客戶或朋友或自己的狗狗有問題，請以專業態度來解答，切忌隨便地從網路上或不正確的飼養書籍、雜誌上去找解決方法。狗狗雖然不會說話，但牠們會用行為直接表現，這就是為何許多人在飼養過程中，一旦狗狗有行為問題，即使遵照網路或書籍教學方法，也無法有效處理，因為忽略了根本的問題，就算找專業人士，問題也永遠無法得到解決。

一致性、一貫性的教育，才是關鍵

許多人都認為養狗是件簡單的事情，只要閱讀相關書籍，餵狗吃飯喝水，偶而帶牠們出去散步或玩耍就夠了，但真正養了之後才發現一堆問題，就算照著書籍飼養，但始終不得其門而入，因為**狗狗就像兩三歲小孩一般，是擁有自主的想法以及行為。**

有些飼主甚至在看了電視狗訓練節目後，便以相似的方法來教導自己的狗狗，這樣對狗狗是不公平的。每隻狗狗的習性和個性都不同，尤其當有行為上的問題時，更是需要真正的專家在旁協助，我們看過不少因為如法炮製而導致狗狗行為越來越嚴重，最後責怪狗狗、棄養狗狗、把狗狗安樂死的都不在少數，追根

究底，這到底是狗狗的問題，還是人的問題？

有原則的飼主，狗狗自然有紀律、不混亂，和飼主在一起有安全感，自然壞行為的機率大大地減低。另一方面，如果飼主在遇到狗狗有相同行為時，時而允許，時而禁止；有時很寵，有時很兇，狗狗當然就會對父母失去信任，而且在無所適從、心理壓力又大的情況下，許多的壞行為便會衍生出來。

在十多年的狗狗教育生涯中，我去過無數的家庭，見過無數的幼犬以及成犬，我通常一進門，就能看出飼主是如何教狗狗、如何對待狗狗，以及造成狗狗壞行為的原因，也因此飼主常常很驚訝的問我，是如何能正確無誤的看出狗狗的感受。

其實，狗狗是非常直接單純的動物，牠們就像一面鏡子，直接反映出人類對待牠們的態度，只要靜下心來觀察牠們，便可以和牠們「溝通」。

狗狗正確的教育方式

教育，從狗狗學齡時期就要開始

通過正確的教育方式，可以教導狗狗正確良好的行為，尤其對學齡時期的狗狗更是特別重要！雖然狗狗幼年時期有非常高的學習能力，但不少的訓練師以及飼主通常都忽略了這點。

許多研究報告指出，讓**狗狗越早學習，對於之後接受指令訓練以及社交教育會越成功**。尤其，在狗狗學齡時期時提供一個有程度的學習經驗，包括邊玩邊學習，以及加強正面行為鼓勵，將會對狗狗的整個幼年教育以及學習有很大的幫助，這就是為何我們要的是教育，而不是訓練。

預防勝於治療，狗狗教育的目的，就是希望透過有效的學習制度把未來可能發生壞行為的機率減至最低，甚至完全消除，取而代之是我們心目中期待牠們能做到的好行為，舉個例子，像德國狼犬之類的守護犬，因為天生就已經有非常強的地域性，若是沒有在

幼犬時期好好的和不同的人相處社交，長大後有極大的可能會不分青紅皂白的見人就攻擊。對於此類犬，教育的主要目的就是要教會牠們如何能有效的分辨來者是敵是友。

那麼通常幼犬多大時可以開始教育？

當幼犬在四個星期大時，母狗和其他成犬便會開始教育幼犬如何正確和族群相處。同樣的道理，當養幼犬或領養成犬時，飼主必須要在一開始就教育狗狗正確的和主人、其他家庭成員或動物相處的禮儀。總之，**愈早在幼犬時期就好好教育，即可預防未來許多嚴重的行為問題。**

以下例子就能說明幼犬教育的必要性以及重要性：

當飼主了解了幼犬的習慣後，在控制以及管理上就會占很大的優勢，例如，教導大小便習慣的時候，很重要的一環就是控制狗狗何時喝水、吃飯，水量、食量多少。若飼主允許狗狗在晚上睡覺前喝很多水，那麼狗狗在半夜廁所的機率就很大；又或者飼主常常在飯桌旁餵狗狗吃我們的食物，狗狗自然學到在人吃飯時，可以對人乞求食物……飼主若從小就教育狗狗有良好的生活習慣，就能避免上述的壞行為發生。

狗狗不同的培訓教育方式

有效的教育方式有很多，但總體來說大致可分為四種：包括獎賞培訓教育、忽略培訓教育、逃避或迴避培訓教育和處罰培訓教育。

獎賞培訓教育（正向加強）／Reward Training (Positive Reinforcement)

多數時間當我們在教育狗狗時，大都是透過撫摸或口頭稱讚作為正向加強教育時的獎勵，點心獎勵都是比較隨機性質。不過當教導才藝時，點心就是不可缺少的。

重點

通過加強好行為，以鼓勵的方式來教育。

這種教育的成果可以使狗狗在未來都會想要表現出或加強我們所需要牠們聽從的行為舉止，因為狗狗因此可以得到獎勵，不論是撫摸、口頭稱讚、點心或其他獎勵。

做法

正面強化通常發生在當狗狗可以成功的做出好行為或動作時，給予獎勵，但特別的是，是狗狗決定獎勵的種類，例如喜歡獵物、驅動性強的狗狗，會比較喜歡追逐球勝過於點心獎勵，這也是為何多數服務犬現在都以「玩球」來做為牠們的獎勵，而不是用點心。

忽略培訓教育（消極處罰）／Omission Training (Negative Punishment)

這項教育的原理是來自於狗狗的生活習性。因為狗狗是群居動物，群居動物若是做錯事情，就會被群體所排擠，而狗狗無法忍受被群體冷落，所以會盡可能地不做被群體所排擠的事情；而且群體動物若是落單，很容易會成為其他動物所攻擊的對象。所以，當狗狗住進了人類家庭，牠們就會像小孩一樣，喜歡父母的注意力，若是沒有得到注意力，就會無所適從。

重點

當狗狗做了壞行為，即不予理會或減少獎勵，這方法通常會讓狗狗為了不被冷淡或不想得不到獎勵，進而不做不必要的壞行為。

做法

當狗狗無法成功控制自己而做了壞行為，我們以忽略狗狗作為懲罰，例如，不坐下就沒點心吃；撲人就不理牠……等等。簡單來說，消極處罰就是把狗認為是獎勵的事物拿走。

逃避或迴避培訓教育（負向加強）／Escape or Avoidance Training (Negative Reinforcement)

透過加強讓狗狗討厭、反感的刺激，來幫助達到消除、延緩、減少或避免壞行為出現而加強好行為的教育。

重點

當狗狗做了不好的行為時，我們**給予讓牠們認為是反感、討厭的刺激，一直重複直到牠們做對了，才把刺激拿掉**，進而加強好行為。

做法

例如，給指令要讓狗狗坐下時，若是狗狗不坐下，我們可以輕壓牠的屁股，直到狗狗坐下之後才停止壓力，所以利用負向加強來加強狗狗坐下的次數。

處罰培訓教育（正面處罰）／Punishment Training (Positive Punishment)

我們所說的懲罰，並不是實質上打狗狗或造成狗狗的生理傷害的處罰。所謂正面處罰，是一種會讓狗狗加強或延長他們反感刺激的教育，例如，大聲說"NO"、「不行」，或怒視著狗狗，或是當狗在吠叫時，利用水槍噴狗狗來阻止吠叫。

重點

正面處罰通常發生在當狗狗做不對的事情時，我們想立刻停止牠們做不對的行為，於是**利用讓狗狗反感的刺激使牠停止動作。**

做法

當狗狗做錯事情，主人嚴肅的說 "NO"，利用正面處罰來停止狗狗做錯事情的機率。

總之，無論是用哪一種方式教育狗狗，絕對不可以造成狗狗心理或生理上的損傷或傷害，虐狗的行為是社會大眾所不能允許的，所以若有發現您身邊有養狗人士或朋友造成狗狗的身心傷害，一定要立即制止，或是通報當地動物保護協會，甚至報警處理。

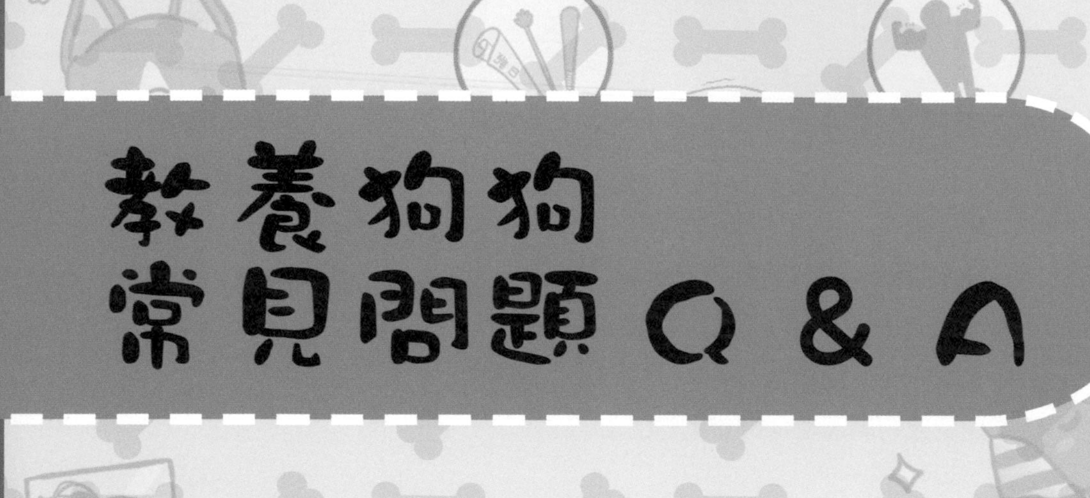

教養狗狗
常見問題Q & A

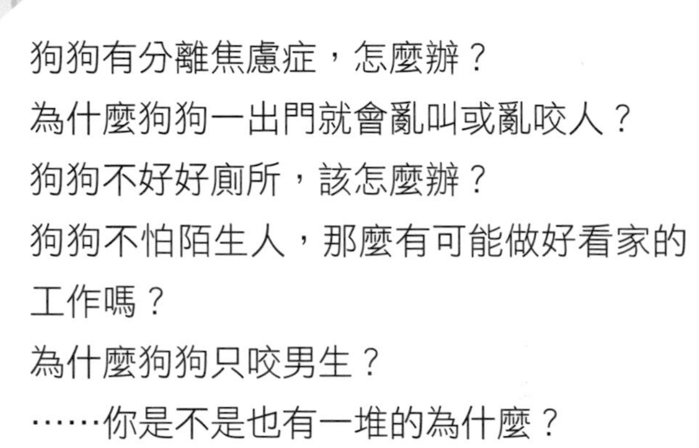

狗狗有分離焦慮症，怎麼辦？

為什麼狗狗一出門就會亂叫或亂咬人？

狗狗不好好廁所，該怎麼辦？

狗狗不怕陌生人，那麼有可能做好看家的工作嗎？

為什麼狗狗只咬男生？

……你是不是也有一堆的為什麼？

現在，就請跟著 TOM 一步一步的示範，教教大家如何解決這些問題吧！但，千萬要記得，一定要有滿滿地愛和無比耐心哦！

Q1 狗狗有「分離焦慮症」該怎麼辦？

A：狗狗的分離焦慮症，是因為當狗狗與喜歡的主人分開時，心生恐懼及怕被丟棄的壓力下，而產生的過度焦慮，以致於出現一些異常行為，例如，不停地吠叫或破壞物品，這就是分離焦慮。一般來說，大都跟「環境」和「主人」有關係，而且**大約在一歲半左右才會有此症狀的情況產生。**

患有分離焦慮症的狗狗，當主人在家或在主人旁邊時都會非常的乖巧，而且黏主人黏得很緊；但是只要主人準備出門，牠就開始不對勁，會開始亂鬧，等你前腳踏出家門或一不在家，牠們馬上就會出現反常的行為。當主人回到家，看到滿屋被破壞的情形時，通常會很火大，但狗狗一見到你，卻異常熱情的撲向你，完全不會對自己做錯事感到愧疚。

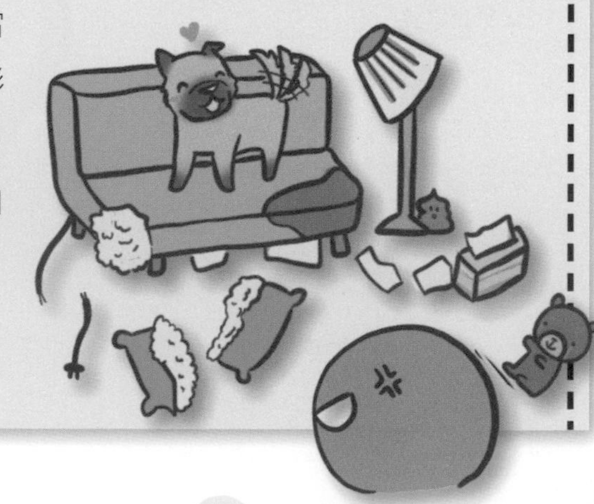

因應對策

採取「忽略培訓教育」（消極處罰），以不予理會忽略狗狗做為懲罰。

STEP1

主人在家時，必須利用圍欄，製造短時間跟狗狗分開的機會，然後慢慢再加長時間。

STEP2

把狗狗圈在圍欄裡面之後，主人可站在旁邊，這時千萬不可理會狗狗哭鬧，要等到狗狗完全安靜下來後，再給予最特別的點心以及很多的鼓勵。

STEP3

試探幾次之後，此時主人可離開狗的視線，只要短短幾秒，若狗沒哭鬧，立即出現給予獎勵；若哭鬧時，千萬不要理會、不要目光交接，更不要開口斥喝。

STEP4

離開視線慢慢由幾秒可拉長至幾分鐘，漸漸地狗狗便會自己獨立在家，不會再有分離焦慮症了。

案例 S.O.S!!

有一次，狗救援協會拜託我去瞭解一隻領養一個月後有嚴重分離焦慮症的大狗 Charlie。Charlie 無法獨自待著，一定要領養人陪著牠，無論是吃飯、睡覺、廁所、逛街等等，都不能離開領養人。尤其有次領養人開車帶牠出門，才下車五分鐘去買飲料，回到車上才發現座位被 Charlie 破壞了。甚至，有時把牠關在家裡才幾分鐘，Charlie 已經把門抓了個大洞……領養人實在頭痛不已，於是想把 Charlie 送回協會，而且直說自己已經成為狗狗的囚犯，哪裡都去不了。

TOM 幫幫你

當我開始接觸 Charlie 時，發現牠非常黏人，個性非常好。Charlie 剛領養回來時，領養人因為想好好的和狗狗培養良好關係，於是和公司請假兩星期來陪牠，在這兩星期中，領養人非常有愛心和耐心地教導指令和散步的技巧，而在短短的時間內，聰明的 Charlie 也學會了所有指令，和主人之間的關係也愈來愈密切。

很快地，兩星期過去後，領養人要離開家去上班，噩夢就從這時開始。原本在被領養之前的 Charlie 沒人理，突然在被領養後，一天到晚都有主人陪伴，天天黏著主人，心裡終於有個依靠；但兩星期後，Charlie 的主人突然要留牠獨自在家裡八小時，試想，Charlie 的心裡會是如何？

我和主人徹底溝通，讓她明白自己才是造成 Charlie 分離焦慮症的主因後，我要她放棄所有指令的教學，讓 Charlie 先學習正確的居家禮儀，包括主人回家時，Charlie 若是激動，先以忽視為主，絕對不要給 ”Sit”（坐下）的指令，務必要讓 Charlie 自行冷靜下來、自行坐下來，才給予稱讚撫摸作為獎勵。

吃飯時，也不要說 ”Stay”（等待）指令，而是要讓 Charlie 自行控制想吃飯的衝動，乖乖地坐下等待飯盆放下後，才可以過來吃。

平時在家，除非 Charlie 冷靜地趴著或坐下才有注意力，再加上給 Charlie 圍欄，就算平時主人在家，牠也不能一直黏著主人。從剛開始可以獨自待在圍欄裡冷靜五分鐘，到慢慢的延長自己待在圍欄的時間，短短的一星期後，Charlie 已經可以獨自待在家裡，不再給主人添任何麻煩了。

為什麼當有人伸手想要摸狗狗時，牠總是吠叫或咬人？

A： 狗狗除了牠們天生被培育出來的特性之外，心智就像永遠長不大的 1~3 歲學齡前小孩，對於成年人複雜的思緒無法理解太多，因此平時就必須像教育小孩一般的設置規矩、訂時間表，正確管理牠們的衣食住行……完完全全就必須要照人類學齡前的小孩一樣看待，而不是一味的寵愛或打罵。

大部分的人都是在等到寵出問題或打出問題後，才開始怪都是狗狗的錯，其實 99%飼主的行為問題都是主人不當管理而導致狗狗思維和行為的混亂。只要一次打罵，牠們就會記住這種壞經驗，所以若是不正當的用手打了牠一巴掌作為懲處，那麼同時也加強了狗狗對於手的恐懼，下次只要有人想用手過去摸牠，牠直覺就認為是要打牠巴掌，所以只要看到手伸向牠，牠就會害怕，甚至會攻擊。

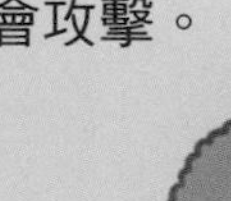

因應對策

採取一致性和一貫性的教育方式，用正面的稱讚教育，找回狗狗對人的信任。

STEP1

給予隱私，設置圍欄或狗籠

狗狗和人一樣，都是穴居動物，尤其狗狗住進人類家庭，牠們還是需要有自己隱私的空間，特別是膽小或心思細膩的狗狗，更需要圍欄或狗籠提供一個安全庇護所，在自己的空間裡，牠們會覺得安心。記得，狗籠和圍欄絕對不能做為處罰的工具。

STEP2

找回信任，忽視壞行為

當狗狗出現壞行為時，首先要完全不給予任何注意力，連責罵都不需要有，這期間，耐心很重要！

當自己情緒上來時，是我們要先暫時離開，主人可以自己出門或進房間不理狗狗，等到狗狗完全把精力消耗後，安靜冷靜下來，再好好的表揚和稱讚。這期間，可以利用手去撫摸狗狗，讓牠們知道手不是可怕的，可以在平

時多用手去餵食。

STEP3

建立尊重，設置規矩

國有國法，家有家規，狗狗和孩子一樣也需要規矩。所以，主人必須要制訂一系列的規矩，並且一制性、一貫性地徹底執行，才能有效建立讓狗狗學會尊重。

注意，尊重不是靠打罵，想想看，當狗媽媽在教育幼犬時，她們會打、會罵幼犬嗎？也千萬不要相信罰站可以讓狗狗聽話的無稽之談，這只會讓狗更加不知所措，咬人問題只會更嚴重。懲罰（punishment）和給予紀律（discipline）是不一樣的事。

狗狗該學會的規矩包含有：不撲人、見到人要坐下、不主動跳沙發、跳床、跳家具，平常當人在家時，不要讓狗狗離開人的視線（這時可以利用上牽繩有效的管理控制）；主人出門時，狗狗應該待在圍欄裡（如果讓狗自由亂跑，當牠開始搞破壞後，我們要怪自己還是怪狗？想想狗的智力最高不過 3 歲小孩，我們能怪一個 3 歲小孩長時間獨自在家時，亂破壞東西嗎？）

STEP4

有效控制，打破心防

當有效的給予隱私，讓狗狗找回對人的信任，加上學會尊重的規矩，自然狗狗會知道在主人身邊是安全的、不需要害怕的。

當有人要摸狗狗時，主人可以先用自己的手輕輕地放置在狗狗的脖子上（或扣住項圈），把狗狗的頭轉過來面對自己（給予安定感），然後等待狗狗冷靜下來，再讓別人來撫摸狗狗。這時狗狗若安定並乖乖地接受別人摸牠，主人要非常開心和發自內心給予「誇張」的稱讚。

要特別注意，千萬不要再因為狗狗兇人或咬人而去打罵牠們，我們必須要做好父母的責任，好好的控制牠們、給予安定感、加強正面行為，自然可以正確地解決問題。

案例 

Sasha 是一隻 4 個月大的貴賓，主人打電話給我，表示因為狗狗上廁所的問題一直得不到解決，感到很困擾。主人說狗狗剛來到家裡時，是很開心的，見人都會搖尾巴；但每次在 Sasha 上廁所沒有照主人教得來做的時候，主人就會罵牠、打牠，從那之後，只要有人一伸手想摸 Sasha，牠就會吠叫咬人。

TOM 幫幫你

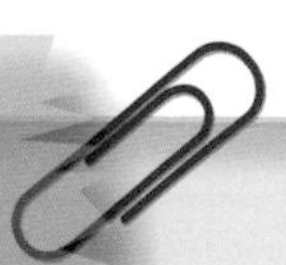

當我見到 Sasha 時，牠看見我就開始吠叫，然後躲進沙發底下，我嘗試想把手過去接近牠，誘導牠出來時，牠會張口想咬人。

在了解牠咬人的緣由之後，我開始給 Sasha 加強好行為的正面稱讚教育，例如：當牠乖乖的守規矩上廁所時，會很誇張地撫摸牠，說牠好棒！然

後給牠點心鼓勵；但當牠又不好好上廁所時，除非當場看到，馬上拍手阻止，並立刻帶到戶外廁所，等待廁所完畢，一樣給予鼓勵。如果沒當場見到，Sasha 又已經上完廁所，只能默默地先清理乾淨。

我用這樣的方式教育了兩天之後，Sasha 就學會了在室外上廁所，也開始信任人。在經過一個星期的訓練，Sasha 又回到了之前那隻開心的幼犬了。所幸，牠才四個月大，所以之前主人的打罵教育在牠心理造成的創傷還不算大；但若是狗狗已經四歲大，那麼傷害會有多深呢！

總之要切記，在現今主人和狗狗的關係，已經宛若是父母和小孩一樣的親密了，所以必須把牠們當做孩子一樣去教育；**教育必須是一致性和一貫性的，家裡每一個成員也都必須要遵照著設定下來的規矩去約束狗狗，才會有良好的效果。**

Q3 我的狗狗特別喜歡攻擊男性，有時甚至連男主人都不放過。

A： 首先要先了解為什麼狗狗會開始攻擊人，甚至特定的性別、人種或特定年紀人士？

狗狗是一直長不大的小孩，牠們的學習都是從小開始透過生活經驗或主人給予的教育方式來決定未來的應對方式，如果不斷地使用打罵方式，自然而然，在狗狗的心中會因為恐懼而造成攻擊來自保。

現在很多主人因為接收了許多關於狗狗錯誤的觀念造成迷思而溺愛狗狗、不懂教育狗狗，反而變成狗狗來教育人。怎麼說呢？例如，當主人在吃東西時，狗狗會開始興奮，不斷地鬧、不斷地叫或撲人，這時心軟的主人就會給狗狗吃食物，所以牠們才會透過一次又一次的鬧、叫、撲人，來達到目的。

當狗狗知道「叫、鬧、撲人」＝「目的」時，在「會吵的小孩有糖吃」的情況之下，於是開始越鬧越兇、越叫越

大聲，一次又一次的讓沒原則的主人妥協。直到有一天，主人對狗的叫、鬧和撲人反感，覺得憤怒又無計可施的情況下，開始藉由打罵來反制，但打罵完之後，主人氣消了、心也軟了，又開始寵狗狗了，於是一下罵狗，一下寵狗的惡性循環就開始了，狗狗心理就會混亂、產生壓力，就會利用更多壞行為來發洩。

通常男主人比較控制不住自己的憤怒，較易用打罵來阻止狗狗的問題，以為這樣可以建立權威，長久下來，狗狗會因為過去的壞經驗，於是對男性產生恐懼感，自然就會藉由攻擊來自保。

另外，還是要**特別強調，家庭成員對待狗狗的方式必須是一致性的，絕對不可有「好警察、壞警察」的不同教育方式**。若一個人過於嚴格，一個人又過於軟弱，狗狗會經過一段長時期的混亂，會不知道如何正確地與主人和家庭成員相處。混亂時期，自然沒有安全感，沒有安全感，就只能靠低吼恐嚇、張嘴咬人來自保。特別是當男主人對狗狗過於嚴格，而女主人對狗狗非常寵愛時，狗狗發現了男主人對女主人言聽計從，於是牠理所當然的覺得有了靠山，因此當女主人在場時，狗狗就會恃寵而驕，男主人若想管教牠，或當狗狗認為男主人有任何挑釁動作時，就會有攻擊動作出現了。

TOM 第3計

因應對策

無論是什麼原因造成狗狗對家庭成員的攻擊性，只要記得，家庭裡每位成員對狗狗的態度都要一樣，千萬不可有過度寵愛或過於嚴格的區別出現；同時，若想用「以暴制暴」來建立權威，不僅無效，還會加速問題的嚴重性。

STEP1.
制訂行程表

何時該讓狗狗出來玩、何時狗狗該回窩休息、什麼時候上廁所……所有作息都必須要制訂；在家裡也必須要上牽繩，讓狗在人的視線範圍內，好好的看管，就如同帶幼兒一樣的看管照顧。

STEP2.
犯錯時不打罵

家庭成員完全以忽略狗狗作為懲罰，而當狗狗平常做好行為或平常冷靜乖乖的待著時，我們要以鼓勵的方式來加強好行為教育。

STEP3.

善用牽繩

狗狗在對男主人或其他男性兇惡甚至想攻擊時，請好好的利用踩短牽繩來控制狗狗，不要大聲斥責牠，這只會加深狗狗對男性更加憎恨。

STEP4.

耐心等待

等到狗狗冷靜下來，不再對男主人或其他男性兇惡，好好地稱讚狗狗，可以讓男主人或其他男性給予小點心以茲獎勵。

案例

有一隻法鬥－東東，平時會有攻擊男生或攻擊男主人的行為出現，在家中，男主人對東東非常的嚴厲，會因為牠不聽話而罵牠；但女主人則對狗狗非常的寵愛，所以東東從沒有攻擊女主人的行為出現。雖然，後來主人把東東送去接受一個月的教育，攻擊行為確實收斂減少了，但仍時不時還是會攻擊男主人，無法達到完全沒有攻擊性，主人甚至猜想東東是否精神狀況有問題。

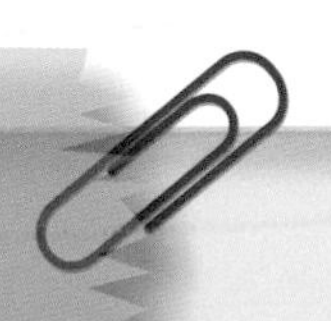

TOM幫幫你

為了正確了解東東攻擊人的原因，我和主人做了一次詳細訪談。在深入調查後發現，東東從未攻擊過女主人或其他女性，而攻擊男主人的時機，大都是女主人在抱著東東的時候。

那麼為何這會造成東東攻擊男主人的起因呢？原來在家中男主人對女主人很尊重，凡事都是以女主人為主，而女主人又很寵愛東東，在家幾乎都以東東為中心，所以當狗狗有壞行為發生時，男主人想去教訓牠、打罵牠，狗狗想當然爾的會去攻擊男主人，因為男主人在家地位最小，但卻想去冒犯地位比他高的東東，狗狗為了確保自己的地位，直接的反應行為就是攻擊。

在我開始接手教導課程時，我發現東東有很強的領域性，於是就讓主人先利用圍欄來限制東東的行動範圍，不再讓東東認為整個家都是屬於牠的。

接下來，我讓主人們要制訂東東一整天的行程表，從早上開始，包括廁所、吃飯、冷靜訓練、玩、散步……等等。若是在外自由活動兩小時之後，就一定要回圍欄休息四小時。即使平時沒人在家，東東必須也要待在圍欄裡，所以主人可以在圍欄裡，準備一些玩具和骨頭，讓牠在感到無聊時可以咬。

讓東東習慣在家能夠接受控制之後，下一步就是上嘴套。我把東東帶到教育中心做社交活動，讓牠能在受控的情況下，在不同的場地接受陌生人（尤其男性）的友善撫摸。每當牠冷靜，對陌生人沒有任何兇惡的表現時，給予大量的表揚。這段過程需要一段長時間的教育，畢竟對人兇惡習慣的東東，已經了解人會害怕牠的牙齒，所以當牠情緒上來時，就會毫不猶豫的張嘴攻擊。

果然，在經過大量的社交活動訓練之後，東東已經非常聽主人的話，同時，也不會再張口咬男主人或其他男性了。

Q4 狗狗是領養的，一帶出門見到外人就會不停地吠叫或咬人；但不帶牠出門，就會在家一直叫，該怎麼辦？

A：在台灣，「領養代替購買」的風氣相當好，但領養回來後能用正確心態照顧狗狗的人卻是少之又少，常常一領養回來，就因為狗狗過去可能遭遇可憐的經歷，開始給狗狗過度的關懷與愛心，導致狗狗無法離開人，所以當主人一早要離開時，就會焦慮，只能靠吠叫或破壞物品來發洩。

再來，當寵愛過度，狗狗就會開始當小霸王，亂咬人、愛生氣，這時，我們再來把過錯都歸咎於狗狗，請各位想想，真正不對的是誰？試想，如果我們從孤兒院領養小孩回來，我們會因為牠們過往的可憐經歷就完全地放縱他們嗎？當然是不會。同樣地，有原則的主人，狗狗自然會有紀律、不混亂、有安全感，發

生壞行為的機率就大大地減低。另一方面，如果主人對狗狗相同的行為，有時允許，有時又禁止；有時很寵，有時又很兇，狗狗當然無法對人產生信任感，也會感到無所適從，在心理壓力極大的情況下，許多的壞行為便會衍生。

許多人，認為領養回來的狗狗到處吠叫和咬人是因為曾經受過虐待，真是這樣嗎？答案是對，也不對。例如，有些天性膽小的狗狗，自小就跟著主人，但長大後會到處亂叫，或因為害怕而咬人的，比比皆是，牠們也沒受到虐待，完全都是因為天生個性膽怯，只要感受到威脅，便想要以吠叫或張嘴咬的方式來驅趕。

我曾經看過一段影片，一個狗救援協會的人員去收容所想要接近一隻狗狗，那隻狗狗處於激動、不讓人靠近，且拚命慘叫，甚至想張嘴咬協會人員的狀態，大家就認為那隻狗一定有被虐待過，但有沒有可能是狗狗本身的天性就十分膽小，加上從小沒有和陌生人社交的經驗，所以十分排斥和陌生人接觸呢？

到底要怎麼來確認狗狗有沒有受過虐待呢？很簡單！主人可以觀察平時狗狗對於某些特定人士的打扮模樣（例如，戴帽子，或高壯男性），或是特定物品（例如，報紙、棒狀物體、拖鞋），甚至特定環境，會不會產生極大恐懼而吠叫或攻擊等行為，若是有這些激烈的反應，那麼我們就能猜測這隻狗狗可能曾經是遭受過虐待。

因應對策

每隻領養回來的狗狗，背後都有一段辛酸的故事，但無論故事多辛酸，牠們就像小孩一樣，辛酸故事不會一直記在心裡，最重要的是當下。當我們領養狗狗之後，一定要用耐心、愛心和包容心正確地教育牠們。**愛，不是寵愛；關懷，不是天天抱在身懷；教育，更不是教訓。**

STEP1.

領養的狗狗回家後，因為陌生的環境、陌生的人，需要有安全感、需要自己的隱私，請先尊重牠們，準備牠們的房間（可用狗籠或圍欄），讓牠們能在自己的私人空間裡慢慢地熟悉環境，

STEP2.

開始建立信任感！狗狗進家門後的前幾天非常重要，牠一邊要適應環境，

一邊要適應和不同的人相處，此時耐心很重要！這時即使狗狗出現兇人或吠叫的反應，也請勿責罵或試圖安撫，請先採取忽略方式，等待狗狗自行冷靜下來，再輕聲細語或給予點心去稱讚獎勵。

狗狗之所以會兇，是因為害怕而做出的自保行為，利用吠叫把威脅驅除，若此時越是責罵，狗則越害怕；亦或在這時安撫狗狗，也等於是在鼓勵吠叫的行為是好的，會讓狗狗誤以為只要牠出現兇惡狀，人就會害怕。

STEP3.

當建立起信任（狗狗所需的時間長短不一，有些需要花費許久時間才能信任人，這和狗狗的天性有關），就要開始**在家裡上牽繩，最好不要讓狗狗在家亂跑，跑著跑著就會沒規矩。**所以初期，就要讓狗狗了解，在家要有規矩，這時候「行程表」就很重要了。

上牽繩還有另一個好處，就是當主人在給骨頭或食物點心時，可以防止狗狗自己離開拉去角落吃，很容易產生護食的不良習慣。

STEP4.

當狗狗習慣了環境，好好按行程表作息，加上有牽繩在家的控制，基本上狗狗已經能乖乖的聽話，可以慢慢地帶出戶外學習冷靜和社交；但在尚未確定自己能不能有效地控制狗狗時，千萬不要馬上帶出戶外，這只會讓狗狗的脾氣更煩躁。

案例 

一個「弟弟」主人焦慮地來信：

我的狗狗弟弟是從收容所認養來的台灣土狗，牠有嚴重焦慮症，我平時根本無法離開牠一分鐘，所以只要我去上班，就會請媽媽來家裡幫忙照顧牠。有一次，媽媽提早趕回家煮飯，留狗狗獨自在家，等我下班回家時，發現狗狗已經趴在樓梯口狂叫，連管理員都在抱怨。我趕緊衝上樓，才發現家裡的門大開，狗狗把門鎖都咬壞了，看到這景況，我整個人都傻了！我試了很多的方法，零食、玩具、籠子、抱牠親牠，甚至最後漠視、打罵、心理醫生、溝通師……我都試過了，但效果都不好，我的社區也因為狗狗的過度吠叫，嚴重擾民，一直要我把狗狗送走。我到底該怎麼辦呢？

TOM 幫幫你

看到這位主人為了自己認養的狗，產生了這麼多的困擾，甚至花了許多錢帶狗狗看心理醫生和溝通師，可惜，仍沒能找到可以幫助她和狗狗的方法，真的是花了冤枉錢啊！

在徹底瞭解整個情況之後，我發現弟弟不但有嚴重的分離焦慮，也有極強的控制慾。牠控制人的第一步就是「叫」，叫到主人給牠注意力為止。如

果吠叫沒用，就進行第二步「抓人」；再沒用，就用第三步「咬」。

主人說，弟弟常把她咬到瘀血，而且出門在外，走路也不能超過牠，如果走在牠前面，弟弟就會咬她；在家裡，如果她或媽媽在吃東西不分給弟弟，弟弟也會很兇的去咬她們。這分明是變相的家暴，只是主角從人變成狗。

實施教育初期，對她和對狗狗都是非常辛苦的階段，尤其是對狗狗，牠感受到主人明顯不同於之前的管教態度，便開始不斷的抗爭，叫得比之前更大聲，咬得比以前兇。但我強烈要求主人一定要冷處理，不要被狗狗影響，包括激動在叫時，也不要理會，只要利用圍欄和牽繩，讓狗狗在生氣時，咬不到人就好。唯一會給狗狗注意力的時候，就只有在狗狗冷靜、不生氣、溫順時才可以過去摸摸牠，給牠關愛。

我還要她天天寫下狗狗的教育日記，藉此可以看得出狗狗進步的狀態。果然，在這樣堅持三個月之後，狗狗有了大幅進步，出門時不再會大聲吠叫，只會偶爾哼哼叫；也不會再破壞家具、散步也不再暴衝，狗狗真的進步很多！更開心的是，主人終於能好好上班不擔憂，因為狗狗再也不會拚命破壞門鎖，趴在樓梯口狂吠讓鄰居抱怨，狗狗真的變成了心肝寶貝。

狗狗不乖，一點都不能教訓或懲罰嗎？

A：**打罵的懲罰效果都是暫時的**，過了一段時間，狗狗一定會繼續再犯同樣錯誤的。但**打罵後造成的心理陰影卻是非常嚴重長久的，尤其膽怯的狗、心思細膩的狗，更不能打罵**，不但會造成牠們將來長大後個性更膽怯，或為想自保而產生更多攻擊行為，導致狗狗的問題更加嚴重。

通常這一類的狗狗會對獎勵、稱讚或遊戲，失去任何興趣，而且在初期要建立信任都要花上好長一段時間，加上牠們的天性就是怕人，就更增加了難度。另外，很多寵物行為學家或訓練師忽略了問題的根本，只是一直不斷地換方法，所以問題永遠得不到解決。

TOM 第5計

因應對策

忽略壞行為，加強好行為的教育方式，建立好的教育基礎。

STEP1.

利用點心，增加主人和狗狗之間的信任和互動。

STEP2.

當狗狗開始信任主人後，就可以制訂規矩，教育狗狗遵守，例如，給點心時，要等狗狗自行乖乖坐下後才給點心；當狗狗撲人或做請求的動作過於興奮而有吠叫等等的壞行為時，主人一定要完全忽視，**切記，少說「不行」，多說「乖」。**

STEP3.

多和狗狗玩遊戲，帶著一起去運動、跑步……這些都可以加強狗狗和主人之間的信任和尊重喔！

案例 S.O.S!!

有一隻比熊犬的主人打電話跟我求救，請我幫助他家一歲大的毛小孩「小樂」。主人表示，只要他們家有訪客，小樂就會瘋狂地追著訪客攻擊，平時在戶外見到其他人和狗，也是非常的兇。但每次在小樂出現攻擊行為之後，他都會教訓或打罵，但小樂不僅狀況沒有改善，反而有變本加厲的狀況。

TOM幫幫你

我教過無數的比熊犬，從來也沒聽過個性好的比熊犬會主動去攻擊人，這案例引起了我極大的好奇心。

第一次去小樂家時，一進門，就看見小樂非常激動地跑過來對著我吠叫，想攻擊我。我讓主人上牽繩控制小樂，

我也趁著這個機會，觀察家裡的成員與小樂之間的互動。我見到女主人開始追著小樂跑，嘗試著上牽繩，而這時男主人就在旁邊斥喝小樂，希望藉此讓牠停下來讓女主人上牽繩。

經過一陣混亂，好不容易牽上牽繩了。我和主人針對小樂的問題做探討，從主人的敘述裡抽絲剝繭，終於了解小樂會攻擊人的原因。小樂的幼年過得很悲慘，因為長時間在華人傳統的粗俗打罵教育中成長，讓小樂幼犬時期的每一天都在打罵中度過，所以當男主人在小樂來到家裡後，一直不按規矩亂上廁所、不斷的亂咬家具以及破壞私人物品時，同樣地用懲罰來阻止牠的壞行為，讓小樂不知道何時又會被懲罰，持續生活在不安和恐懼中，造成了小樂很難再對人產生信任。

小樂第一次咬人時，是在女主人的懷裡。女主人的朋友想摸小樂，這時小樂突然就張嘴攻擊，男主人非常生氣，把小樂抓過去打了一頓，不打還好，這一打下去，小樂便開始對所有進來家裡的親朋好友，不分青紅皂白的全咬，就算在客人來的時候把小樂關起來，小樂仍會一直兇狠的狂叫，一直叫到客人離開了才停止。自此，在小樂的心裡烙下了每次只要有訪客來，小樂一定會被罵或被關起來的陰影，所以牠才非常討厭家裡有訪客。

經過徹底瞭解狀況之後，我要男主人放棄所有的打罵，專注地在小樂冷靜的時候給予稱讚及獎勵；但如果牠仍一直叫，就不要理會。第一堂課，我用了近兩小時，才讓小樂開始相信陌生人，不要再有陌生人來就代表牠會被懲罰的陰影。

幾個星期之後，男主人也已經會用一連串的稱讚和獎勵這種「加強好行為教育」的方式來取代原本的打罵，小樂真的進步神速！當我再次到訪，不論是按門鈴和進門之後，牠都會開心地搖尾巴迎接我，不會再狂吠了；主人的親朋好友來到家裡，也明顯地感受到小樂是開心的，和以往的「惡顏」相向、狂吠以待，真是有天壤之別呢！這一次不光是小樂教育成功，連男主人都有很好的改變。

為什麼本來乖乖大小便有規矩的狗狗，突然開始隨地大小便？

A： 回答這問題之前，有個理論要讓大家知道。許多人為了標榜正面行為訓練，於是就拿一堆點心來做誘因，但加強好行為不僅僅只是靠點心的賄賂，也不是因為你有了點心就能期待狗狗會乖乖學習，這當中還是有許多學問和規矩的。

既然是加強狗狗的好行為，我們給的獎勵必須是狗狗喜歡的，比如說，拿球給一隻不喜歡追球的狗狗，牠會覺得是獎勵嗎？有些狗喜歡跑步，那麼跑步就是獎勵；有些狗狗喜歡食物，那麼任何食物都是獎勵；有些狗狗喜歡人的撫摸，那麼撫摸就是獎勵……**所以每個主人都必須學習找出自己狗狗喜歡的事物，然後再利用這些事物作為獎勵。**

若是狗狗已經學會了好行為，之後就是要繼續加強教育。這時候的獎勵必須要隨機而不是每次都可預測，以免牠們之後每次都會有所期待，導致不給獎勵，狗狗就不聽話的情況發生。

這理論和狗狗突然隨地大小便有什麼關係

呢？狗狗本來會在正確的位置上廁所，突然之間不斷地亂上廁所，當排除掉生理問題後，我們就要找出是不是在狗狗亂上廁所時會有獎勵？也許你會納悶：狗狗亂上廁所時我沒有給點心，還都會處罰呢！但狗狗不會記得是獎勵還是處罰，牠只會記得，當沒人理會時，只要亂上廁所，就會引來主人的關注，對狗狗而言，牠要的就是注意力，不管之後會不會被處罰，這注意力對牠們來說就是獎勵，因此，才會在突然之間，開始亂上廁所。

記住，處罰非但無法導正問題，可能還會加重問題的嚴重性。

因應對策

在正確的時間點給予正面積極稱讚強化教育，加強狗狗的好行為。

STEP1.

在加強好行為的情況下，我們要求的是給予獎勵能直接的連結到當下所做的行為，這時可善用「彈簧響片」（註 1）來記下狗狗好行為的時間點。

STEP2.

當狗狗做對時，尤其是學大量才藝的時候，先利用彈簧響片捕捉當下的行為，再給點心或獎勵。

STEP3.

在平常居家，不需要一直用彈簧響片來教育狗狗，只需在給予點心、擁抱或撫摸時，不斷地重複「好棒」、「乖」、"GOOD" 等等正面的字眼，很快的狗狗就會瞭解這字眼的意義。

STEP4.

當狗狗習慣之後，獎勵行為也不能停，改為隨機即可，狗狗便能因為期待而持續好行為。

（註 1）彈簧響片：響片是一種用來訓練狗狗的工具，通常按下會發出「喀喀」的響聲，一般當狗狗在學習新的行為或有好行為時，會用響片來標記牠當下正在做的行為是正確的，給予牠穩定的音量獎勵，也讓狗狗知道響片聲音代表牠們將會得到獎勵。

有個主人打電話給我，他的狗"Leo"，過去曾讓我教過上廁所的禮儀，而之後也都守規矩知道不可以在家裡亂廁所，會乖乖的在戶外上廁所。但從最近開始，Leo 不在外面上廁所了，每次都是趁主人在家時隨意亂大小便，讓主人相當頭痛困擾。

TOM 幫幫你

在協助處理 Leo 亂上廁所的問題之前，我要求主人先帶狗狗去看獸醫，確保不是生理的問題之後，我才開始教育課程。（這是非常重要的！**狗若是突然改變了既有的行為模式，請先帶去看獸醫，確保不是因為生理的疼痛或疾病影響所致**，千萬不要急著去糾正，只會加深狗狗的痛苦，也是不人道的。）

在看完獸醫後，知道 Leo 是健康的，下一步就是詢問主人是否每次帶出去廁所時都有稱讚、鼓勵或獎勵。經過了解，原來是因為主人認為 Leo 已經學會上廁所，所以沒有再加強獎勵的行為，加上這一陣子很忙碌，Leo 幾乎都是由別人帶出去上廁所，主人已鮮少自己帶了，而 Leo 開始亂上廁所的時間點，也就是主人開始忙碌的那段時間。

主人說，每當 Leo 要亂上廁所的時候，都會先走到他的面前，蹲下，然後灑尿，跑掉。主人見狀，就生氣的去追 Leo，追到之後，就會再把 Leo 帶出門外，讓牠繼續上廁所上乾淨。聽到這裡，我心裡已經知道為何 Leo 會有亂廁所的問題。平時主人因為忙，沒有時間照顧 Leo，唯一會去注意 Leo 的時候，只有 Leo 在家裡、在他面前廁所的時候，主人才會追著牠跑，然後再帶牠出去，這也是 Leo 唯一能享受你追我跑的樂趣的時候。

在瞭解問題的癥結點以後，我告訴主人在帶 Leo 出去廁所時，一定要再繼續稱讚教育，最好能有點心作為獎勵，平時也要多花時間和 Leo 玩遊戲以及出去散步，讓牠能消耗多餘的精力。但若是 Leo 再走到主人面前故意廁所時，一定要直接忽略、無視，等到 Leo 走掉後，再去清理排洩物。結果才過一天，主人就打電話跟我說，Leo 再也沒有亂上廁所了。

狗狗幾歲開始可以上教育課程？如何讓狗狗乖乖上課？

A：在過去，帶狗上課都需要到幼犬至少六個月大，這不僅僅因為要等幼犬打完所有預防針，也因為過去的訓練方式手段對於（學齡前）兩個月到六個月之間的幼犬過於激烈粗暴，多數都是以糾正狗的訓練方式為主，例如，教導三個月大的幼犬跟隨散步，當幼犬往前衝時，以前的傳統訓練方式，是用一直快速的扯牽繩以示警訊，這對三個月大的幼犬來說，不僅會造成生理上的傷害，更會讓幼犬的心理產生莫大的陰影，可能會害怕牽繩，可能會害怕訓練師，甚至長大後，看見類似訓練師模樣的人也會害怕吠叫，甚者還會有攻擊性。

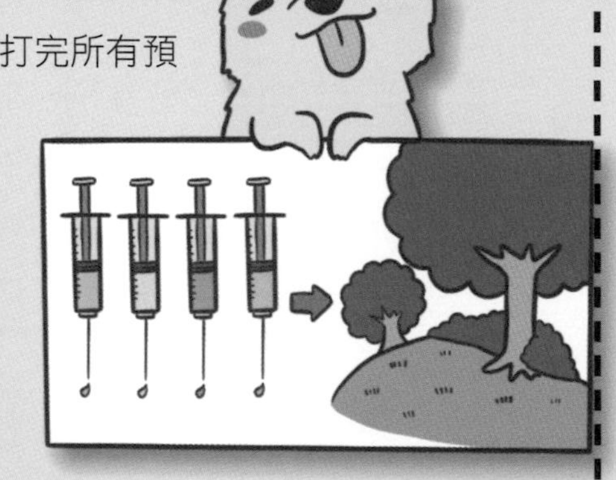

這也說明了為何現在「加強好行為」的教育方式越來越普遍的原因，甚至**加強好行為教育，從幼犬兩個月大時就可以開始了。**

TOM 第7計

因應對策

要讓狗狗可以願意乖乖上教育課程，事前的安撫很重要！要耐心以待，使其信任服從！打罵狗，只會反效果，破壞彼此關係，狗狗也會有更多壞行為發生。

STEP1.

在幼犬吠叫或焦躁時，我們要耐性等待幼犬安靜下來，可以輕輕抱著牠，幫助牠冷靜下來。

STEP2.

冷靜後給予言語稱讚，或給點心以示鼓勵。

STEP3.

慢慢戴上項圈和牽繩，動作一定要輕、要慢，避免讓幼犬感到壓力或使其焦躁。

STEP4.

開始教育課程，完成時給予獎勵或稱讚。

注意：如果幼犬在訓練期間發生抗拒、掙扎的情況，請停下所有動作，耐心等待，待幼犬再度冷靜下來，即時給予輕聲細語的稱讚，方能再繼續進行下一步。

有個新手飼主急尋幼犬禮儀教育課程，原因是他們三個月大的薩摩耶”Snow”才帶回家四天，已經快把家人給搞瘋了。

白天 Snow 只要看不到人就會拚命叫，鮮少有安靜下來的時候，也不斷的亂咬家具。另外，當主人想放牠進去狗籠睡覺，Snow 馬上就會尿尿、大便，把自己搞得一身髒，逼得主人放棄把牠放在狗籠裡。

而到處亂廁所更已經是常態。晚上因為 Snow 不肯在狗籠睡覺，只好放牠在走廊，主人在走廊上放滿了狗尿布墊，以防 Snow 亂大小便把木地板尿壞；同時，只要 Snow 被放出來玩耍，也總是一直往人身上撲，不然就是咬人的後腳跟，有時甚至對小孩子有騎乘的動作出現……面對這些狀況，家人卻拿 Snow 一點辦法都沒有。

TOM 幫幫你

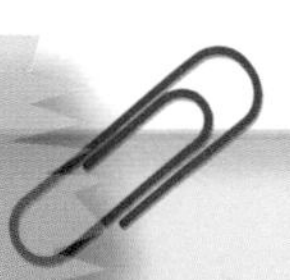

當我第一次見到 Snow 時，因為我是陌生人，Snow 一看到我，即表現得非常開心和興奮，馬上撲過來歡迎我，單以性格評估來說，這當然是好事情。但接下來，我讓主人和其他家人去拿項圈和牽繩，要求他們幫 Snow 戴上去，想要藉此觀察 Snow 和家人的互動情形，沒想到，家裡沒有一個人可

以控制牠，大家手忙腳亂的想幫 Snow 套上項圈和牽繩，但興奮的 Snow 根本不想被制服，於是便開始上演一齣你追我跑的遊戲。其實，這戲碼早從 Snow 一進家門時就上演了，因為自一開始，就沒有人可以控制 Snow，導致於 Snow 一直都處於急躁不安的狀況。

這時候該怎麼辦呢？怎麼做才能讓 Snow 乖乖聽指令呢？我先要家人停止追逐 Snow，等待 Snow 從興奮焦躁的狀態轉為冷靜之後，再給予稱讚，然後再進行下一步。

如何讓狗狗冷靜下來呢？例如，當我要幫牠上項圈和牽繩時，無論 Snow 如何急躁，我都只是耐心並冷靜地輕輕抱著牠，等牠慢慢冷靜下來後，給予稱讚，這時候再慢慢地上項圈和牽繩。而在熟悉狗籠的練習中，也是等待 Snow 吠叫完之後，才給予稱讚或獎勵。不過才短短 15 分鐘，Snow 就能從原本在狗籠吠叫不已，轉為可以乖乖的坐著並有耐心地等待我們放牠出來玩。

在這第一堂教育課程裡，我完全沒有利用懲罰或責罵來教育狗狗，都是用冷靜以對，等到 Snow 做到要求後，再給予稱讚或獎勵。這效果非常非常的驚人，而且可以讓敏感的幼犬在快樂的稱讚和獎勵中成長，也加深對家人的信任，這對狗狗的成長過程是有非常大的益處的，也能幫助牠在未來成為一隻身心平衡的好狗狗。記得，**「耐心」是教導幼犬最有用的工具。**

Q8 為什麼狗狗看到其他的狗就會吠叫或暴衝？

A：狗狗看到其他的狗會吠叫或暴衝，大部分都是因為狗狗從小社會化不足，以及主人無法正確有效地去控制狗狗。所以在一開始養育狗狗的時候，第一個要面對的就是上廁所、亂咬東西、亂叫、亂抓，甚至撲人等等的問題，這些都是在家裡該有的基本禮儀，等到這些問題都解決了，狗狗和主人有了密切的信任和尊重之後，下一步才是開始帶到戶外，進階學習如何與其他狗狗和平相處；也只有在這個時候，才需要開始帶入「指令」來讓狗狗得到進一步的戶外控制。但是，若連最基本的禮儀，對人的尊重都還不懂，那麼指令對狗狗來說，也只是操控人類得到點心的手段之一罷了。

提醒大家，教導「指令」並不是剛開始養育狗狗的第一步。在**教導狗狗時，無論是幼犬或成犬，第一步都是由「信任」開始**，藉由加強好行為，以稱讚和肢體語言不斷的讓狗狗在無壓力狀態下和人開始相處。

再來就是學習「尊重」，了解狗狗的天性才能正確的管理牠們的衣食住行，這時可再加上運動和生活規矩來加速狗狗與人之間的良好關係，最後才是加上指令，讓狗狗有更多的挑戰來「服從」我們。通常在這個時候，狗狗也已經差不多六個月大，可以帶出門藉由室外場合的一些干擾給狗狗更多的挑戰，這時就可以藉由指令來和狗狗溝通，慢慢地也可以利用指令來開始做無牽繩訓練。

TOM 第8計

因應對策

請冷靜！當狗狗已經激動到吠叫或暴衝，我們再多的阻止和叫囂指令，只會加強狗狗的當下反應。

STEP1

逆向操作：在安全控制（放在圍欄內或踩牽繩）的情況下，先讓狗狗冷靜下來，並不斷稱讚鼓勵冷靜的行為。

STEP2

引入刺激：可讓朋友家的狗（要找穩定冷靜的狗喔）過來自己家裡走動，藉以刺激，如果這時家裡的狗狗看到其他的狗已經開始激動，先等待牠消耗所有精力（最好在教育前，先帶狗狗做運動或跑樓梯……來消耗牠多餘的體力）自行冷靜後，再稱讚冷靜行為。

STEP3.

加強刺激：可從一隻狗增加到兩隻狗，也可選在狗公園裡人比較少的時候，先讓狗狗在狗公園外邊練習冷靜。

STEP4.

正向加強：當狗狗可以有效的管理情緒，表現冷靜，就可以讓狗狗自由的遊玩作為最終的鼓勵。但若是在遊玩期間，又出現對狗吠叫的情況，再把狗狗帶回來，重新等待至狗狗冷靜後才可以玩耍。

一隻一歲大由收容所出來被領養的混種德國牧羊犬"Ginger"，領養人才剛領養3個星期，就開始帶牠去狗學校上集體課程。Ginger對人非常的親近，但只要一看到其他狗就非常激動，甚至想衝過去攻擊。領養人帶牠去上了幾堂課後，就被狗學校請出來不能再繼續上課，因為無論怎麼給指令，Ginger還是會繼續對其他的狗吠叫。之後換了不同的學校，結果還是一樣，讓領養人非常傷腦筋。

TOM 幫幫你

領養人和 Ginger 到我中心這裡時，從他們一進門開始，我就開始觀察。Ginger 幾乎是被領養人拉著進來的，無論領養人怎麼想控制牠，給指令讓 Ginger 坐下，Ginger 也完全不理會。

過了幾分鐘後，Ginger 還是不受控制，於是我請他們停止控制 Ginger，直接讓 Ginger 好好的發洩一下，這時 Ginger 就開始不停在中心裡對其他的狗狗瘋狂吠叫，這當中，我只是踩著 Ginger 的繩子。就這樣，Ginger 一直叫了一個多小時，終於等到她累了，慢慢地冷靜下來了，我才輕輕的摸牠，讓牠知道只有冷靜之後才有鼓勵。

在詳細瞭解狀況之後，知道 Ginger 在被領養之前，是處於懷孕的狀態，所以當時任何狗對牠來說，都是具有威脅性的。在被轉送到收容所之後，雖然已經生產，也做完結紮手術，但對陌生狗的情緒和經驗，卻始終停留在懷孕時期，所以即使 Ginger 被領養了，到了溫暖的家，但因為對環境的不熟悉及不適應，才會讓牠仍一直處於焦躁緊張的狀態，這時候領養人又急著帶牠到處去上團體訓練課程，想讓牠聽話和學習跟其他狗社交，以為這樣就是對牠好，於是尚在適應環境中的 Ginger 為了自保，加上過去的恐懼經驗，才會讓牠看到其他狗就開始吠叫甚至攻擊。

一開始，我先和主人懇談，讓他們先了解「信任」、「尊重」和「服從」這些步驟對狗狗與他們之間關係的重要性，也讓他們知道，若是想讓 Ginger 有安全感、不會對狗有攻擊性，那麼一定要百分之一百的讓 Ginger 了解，他們才是 Ginger 的父母。

接著，我在初步的評估並了解 Ginger 的個性後，便開始了系統化的教育。尤於男主人非常喜歡跑步，加上 Ginger 是混種牧羊犬，需要大量運動，**所以在經獸醫診斷後，確定 Ginger 的身體狀況和腿部關節可以承受長時間跑步練習**，就開始讓牠每天上午和傍晚各一小時跟著主人跑步來消耗體力。這一步驟主要是鼓勵 Ginger 忽視其他的狗，只要專注在跑步這件事情上。果然，在跑步的過程裡，Ginger 因為跟著主人專心跑步，自然對於別的人事物就不會有太多的注意力了。

消耗掉 Ginger 的體力之後，接下來就是室內練習。我讓主人訂下行程表：讓 Ginger 三小時在圍欄內，一小時自由時間；然後三小時再回圍欄，一小時自由時間……依此類推，晚上都要在圍欄裡睡覺。讓 Ginger 在家裡按表操課，藉此也讓牠知道在圍欄裡是安全的，是專屬牠無人打擾的小房間，加速牠適應環境。

在一小時的自由時間裡，主人帶她出來廁所、吃飯和遊戲；Ginger 不得自行上沙發或床，除非是主人允許。同時，透過每星期固定的狗公園社交，我也讓 Ginger 學到如何正確的和其他狗社交，以及如何忽略其他狗的挑釁。短短的三個月之後，原本需要帶口罩防止咬狗的 Ginger，已經可以不用上口罩就能自由自在的和其他狗一起接觸了。而在這之後，Ginger 參加任何集體學習課程，也都沒有再出現激動吠叫或攻擊其他狗的行為了。

狗狗做錯事情時，可以拎牠的後頸來揪正牠嗎？

A：在早期有很多關於這類的教育，在理論上其實沒有錯。若各位有研究過狗媽媽和寶寶的相處狀況時會發現，因為牠們沒有和人類一樣的手或語言，所以狗媽媽要糾正寶寶時，最有用也唯一能用的就是用嘴叼起寶寶的脖子，並在脖子上略施加咬力，讓寶寶哀哀叫，藉此讓寶寶知道下次不可以這樣做，這就是為何狗脖子上的皮膚是如此的厚和鬆。

身為人類的我們，**其實不需要利用拎後頸來糾正狗狗，取而代之的應該是利用項圈來糾正狗狗**，但只要狗狗乖了，記得，一定一定要鼓勵狗狗哦。

因應對策 採用「處罰培訓教育」（正面處罰）。

這是一種會讓狗狗加強或延長他們反感刺激的教育，例如，當狗狗做錯事情時，主人厲聲說"NO"，利用這樣的正面處罰來停止狗狗做錯事情的機率。**切記：處罰絕對絕對不是讓狗狗遭受生理的疼痛喔！**

STEP1.

當壞行為出現時，用手輕扣住狗的項圈。

STEP2.

這時狗狗可能會想掙扎逃跑，可以利用上牽繩，用腳踩牽繩來達到控制的效果；也可說"NO"，或什麼都不說靜靜等待（我比較喜歡靜靜等待，等狗狗的精力完全消耗掉，自然就會冷靜）。

STEP3.

在狗狗冷靜下來後，就可以鬆開手讓狗狗自行活動哦！因為狗狗喜歡自由，喜歡到處玩，所以當做錯事情時，利用 Time-Out（暫停）限制其活動，讓狗狗冷靜後才離開，之後狗狗就會為不被限制活動而避免犯相同錯誤。

案例 S.O.S!!

一隻小型犬波波的飼主，在以前就被獸醫師教育，如果波波不聽話，可以拎著牠的後頸（像母狗在拎小狗的後頸這樣），然後直視牠的雙眼，嚴肅地警告牠……並說只要操作幾次之後，就可以改善毛孩的壞習慣了。現在波波兩歲，沒有做錯事時，主人一樣也會這樣習慣拎牠，例如，牠跳不上車，主人就會順勢拎牠進車子裡。但是最近這樣拎牠的時候，有些毛媽毛爸會制止、會問：「這樣狗狗不會不舒服嗎？」但因波波從沒有反抗過，也沒有因為不舒服哀號過，所以主人疑惑，到底這樣的方式正不正確呢？

TOM幫幫你

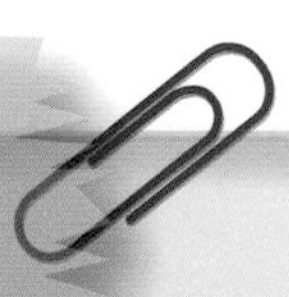

不是每一隻或每一種毛孩都適合這樣的方式來教育，尤其，隨著慢慢長大，寶寶體重和體型也不斷增長，叼脖子可能會造成某些品種幼犬的表皮和皮下祖織的分離（如：英國鬥牛犬、法國鬥牛犬、巴哥、黃金獵犬、拉不拉多等等體型較重或較大的犬種）；再加上不當的人濫用此教育方式（許許多多原本好的教育方法，因為人為的錯誤認知，不當使用及濫用，現在都被歸類於「虐待」），人們開始會對此教育方式反感，認為用此方法就是虐待狗。

不過在普遍大眾的認知裡，除了幼犬做錯事情才要拎脖子，成犬是不應該、也不要拎脖子的，這也就是為何波波主人會遭他人的糾正。所以未免以後別人誤會，建議用抱的方式代替拎脖子，**當狗狗跳不上車時，只要幫牠把屁屁往上抬一下就可以了**，也不會因此造成多餘的誤會。

所以回歸問題重點，拎狗狗後頸是正確的教育方式嗎？這沒有正確答案。我們所需要的，是教導大家如何正確的使用教育方法而不是一味的排斥，一味的以訛傳訛。

狗狗總是會對著某個特定的方向吠叫，狗狗真的有陰陽眼嗎？

A：狗和人不一樣，牠們基本上不是靠視力，主要是靠嗅覺和聽覺。**牠們既是大近視眼、色盲，太近又無法對焦**，試想，叫一個大近視眼去分辨假人和真人，能分辨出來嗎？**牠們真正厲害的是聽覺，可以聽到最少500公尺距離的聲音**，有時安靜的情況下，可以聽到一公里以外的聲音，而又因為是群居動物，當他們聽見可疑的聲音時，便會用叫聲來警告，驅逐入侵者。

由於居家住戶的角落往往都是昆蟲、小動物交通繁忙之地，尤其老鼠，都是喜歡沿著角落跑，這就可以解釋為何狗狗總會對著角落盯著看或叫。

下次若家裡狗狗又盯著角落不斷吠叫時，可以用科學角度來想一想，你就不會感到害怕囉！不過，有時狗狗半夜狼嚎的聲音，聽起來還的確會讓人毛骨悚然呢！

因應對策

在夜深人靜時，狗狗一聽到聲音便似狼嚎的叫聲還真的挺嚇人的，那該怎麼辦？其實還是有好方法可以有效地減少，甚至停止這種行為哦。

STEP1.

讓家裡環境不要太安靜，可以開音樂、聽廣播，讓環境有其他聲音干擾狗狗聽覺。

STEP2.

當狗狗開始吠叫時，可以輕聲叫牠「安靜」，然後把手輕輕放在狗狗的後頸上，耐心等待牠冷靜放鬆下來。

STEP3.

當狗狗冷靜放鬆後，以稱讚鼓勵牠放鬆的狀態。

STEP4.

平時可故意製造些聲音，刺激狗叫，等待冷靜下來後，稱讚，然後再重新刺激一次，一直到狗狗對刺激完全不叫，這時可給更多獎勵，這過程就是一種「減敏」方式，減少狗狗對於聲音過於敏感的狀態。

案例 S.O.S!!

有一位飼主來問我，說他家的毛孩，常常會對家裡某個方向或角落吠叫，有時甚至會「吹狗螺」。在制止無效時，只能強行把牠拉走或轉移牠的注意力。但主人常常會被狗狗這樣的舉動嚇到！因為，聽說狗吹狗螺，代表會有人死亡，這到底是真的嗎？狗真的能看得到我們看不到的東西嗎？

TOM幫幫你

這是非常有意思的問題。無獨有偶，對於狗狗的超自然事件並不僅僅只有在亞洲流傳，許多其他國家的文化也都這有這樣的傳說。

歷史中有關狗吹螺可追溯到埃及時期，相傳阿努比斯（Anubis）是埃及神話中專門處理死亡的胡狼頭神，

所以當狗在嚎叫時，被相信是在呼叫阿努比斯的靈魂。而在過去，愛爾蘭也相信，當狗嚎叫是因為牠們聽到其他獵犬在荒野中帶領著死神在天空追逐死亡的靈魂……再加上以往老一輩的人缺乏對狗感官的認知，於是就認為所有的動物和人類都用一樣的方式看這世界。

「吹狗螺」其實就是狼嚎，不過在解釋吹狗螺之前，我們要先有一些關於狗狗的基本常識。**第一：他們是群居動物；第二：他們的嗅覺特別靈敏。**

狗狗的嗅覺靈敏到可以從空氣中聞到所有殘留的味道，當然，也可以嗅到「死亡」的氣味！很玄嗎？不盡然。通常火氣大，肝不好的人都容易有口臭，人都可以聞到了，更何況是嗅覺極度靈敏的狗。甚至現在有許多的狗訓練是為了有癲癇症的患者而做的，因為當患者癲癇發作之前，血糖會改變，身體就會產生化學反應，會有味道出來，此時嗅覺敏銳的狗馬上就能察覺，進而即時警告患者要注意小心。另外，還有更多的狗狗訓練投身醫療界來幫助「聞到」癌細胞……這種種現況都反應出，狗的嗅覺是可以察覺到我們身體微小的變化。

那麼這些和吹狗螺又有什麼關係呢？其實人在將死之前，大量細胞會快

速死亡，身體就會開始散發出「死亡」的味道，身為群居動物的狗，自然會因為家庭的一分子要離開而有所表示，「吹狗螺」便是牠們社會化的儀式之一。另外，吹狗螺還有宣示自己地盤的意味，就像牠們的祖先「狼」一樣，利用狼嚎來警告入侵者，同時也宣示自己的地盤。

再者，因為狗狗是群居動物，當牠們被迫和主人分離時，便會因孤單而開始嚎叫。偏偏在早期，飼養條件不佳，狗在主人生病時，基於健康緣故，往往都是被迫長期和主人分離，導致狗會因為思念而不斷的往主人方向嚎叫。所以，下次再遇到狗對某個方向嚎叫或吹狗螺，請先想想狗狗是如何感受這世界的，就不會覺得恐懼了哦！

Q11 為什麼狗狗一出門就會不停的亂叫？

A：無論中大型犬或小型犬、迷你犬，牠們都是狗狗，就像小孩一樣，若從小就開始教育，不論是其社交活動、戶外活動，到長大就會是有禮貌、善於社交的狗狗，出門絕對就是人見人愛的明星。尤其小型犬不只可愛，牠們也很聰明伶俐，但有時就是過分地聰明敏感，一聽到聲音或比自己體型大的狗狗就會亂叫。所以，如果你養的是一隻聰明的小型犬，正確的教育會讓狗狗更人見人愛的。

當幼犬出生，大約五個星期後，已經開始會走，會和其他幼犬一起玩耍，母狗就會開始教導幼犬要跟著母狗一起乖乖走。再來，好習慣是從小養成，狗狗為什麼會出門就亂叫，有時候是因為害怕膽小，所以會先聲奪人；有時卻是因為地盤性；有時也是因為太久沒出去而激動吠叫……無論是哪一個原因，在教育之前，一定要先確定亂叫的原因，進而再做正確的教育。

TOM 第11計

因應對策

採用「正面積極強化教育」，讓好行為因為一個理想的結果而更強化。

STEP1.

出門前一定要先上項圈和牽繩。

STEP2.

先耐心等待狗狗冷靜下來才開門，若一開門，狗狗就激動吠叫，立即關上門，等待冷靜。

STEP3.

冷靜後，稱讚鼓勵再出門，這時因我們不斷加強冷靜，所以狗會記得當下的加強。

STEP4.

出門不要走遠，剛開始先在家門口附近走，如果開始叫，可以直接回家，等待狗放鬆、冷靜，稱讚後再出門。

STEP5.

慢慢可以越走越遠，如果狗太激動，先穩住狗，不要緊張，不要急著制止，不然反而會造成反效果。這時可以踩短牽繩，然後靜靜等待狗叫完，自行冷靜後，加強冷靜。

案例 S.O.S!!

我家裡的柴犬已經一歲大了，在牠三個月大剛到家裡來的時候，因為覺得牠屬小型犬、年紀又小，很少帶出門，所以當時覺得並不需要特別教育牠。一直到現在牠長大了，我想要開始帶牠出門社交時，卻發現牠一出門就會不停地亂叫，看到人也叫、動物也叫，實在讓人相當困擾！於是漸漸地我不敢帶牠出門了，但狗狗沒有社交活動是可以的嗎？

TOM幫幫你

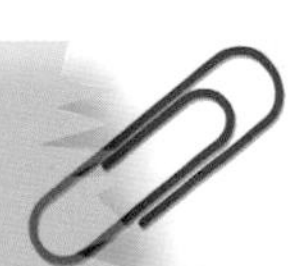

小型犬一開始的繁殖就是為了要取悅貴族階層，所以常常都是被主人抱著寵在懷裡。而因為小型犬體型小，通常主人也都會想「反正在家裡，也傷不了任何人」……但殊不知，狗狗很容易因為主人無節制的寵愛以及放縱，便會開始肆無忌憚的出門對人或其他狗狗亂咬亂叫。

想想，若要你十幾年，甚至一生，都待在同一個空間，面對同一個人，不就和被判了無期徒刑沒什麼兩樣嗎？悲慘的是，許許多多的小型犬真的

都被主人的寵愛所害，被判了終身監禁，而主人還覺得狗狗跟著自己在家是有多幸福、多開心（甚至有更多的小型犬被寵愛之後，因此兇主人、咬主人，這時主人就會怪是狗狗不乖，只會用打罵來建立權威，殊不知，這一切都是自己慣出來的，狗狗根本是無辜的）。所以，當案例裡的這隻柴犬從小在主人沒有規範下成長，現在一歲多了，才要再來規範牠，雖然比較困難，但還是有方法。我建議主人要按照「好狗狗四星期教育課程」（本書後面章節有詳細介紹）來教育。果然，在我循序漸進的教導下，這隻柴犬慢慢地增加了穩定性和增強社交能力。

在這裡還是要再特別強調，許多飼主在一開始總因為幼犬的可愛而一味的寵愛，以為還小並不需要教育，等到長大再說。於是放任的長大之後，壞習慣早已養成，這時要再去教育牠們，牠們當然無法接受，一定會和你對峙、對抗、吵架，錯誤一開始就是我們人造成的，但這時你再去和牠們生氣，公平嗎？

所以，**狗狗一定要在兩個月時就要開始教育，該做的規矩都要做**，例如，不能上沙發、不能上床鋪、不能撲人、不能咬人等等。當然，教育方式都要用 ”GOOD 來取代 ”NO”，利用正面加強教育，多帶出去社交運動，讓牠們在快樂無壓力的環境下成長，等長到成犬時，就一定會是人見人愛的明星狗狗了。

Q12 跟狗狗在遊戲的時候，牠總喜歡張嘴作勢咬人或輕啃，這樣的行為可以嗎？

A： 狗狗在六星期大到八星期大這個時期，是牠們同類之間彼此學習控制自己玩樂中咬合力道的階段，兄弟姊妹在玩樂時若有被咬痛，牠們就會排斥愛咬的那隻，若咬的太過，狗媽媽則會過來咬著壓住那隻毛孩，有時甚至咬到那隻毛孩哀哀叫，讓那毛孩知道不可以咬的太過火，這就是毛孩的世界。

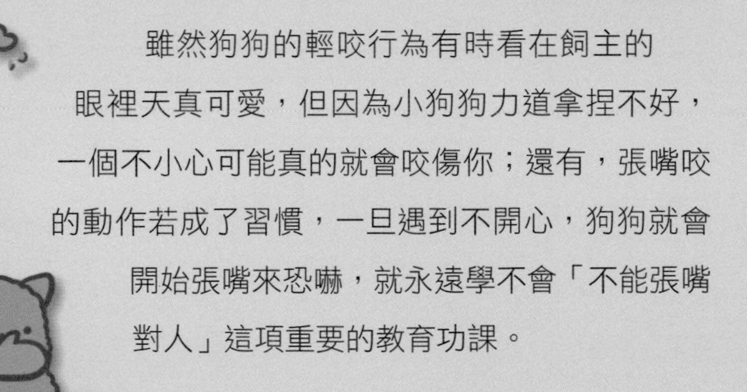

雖然狗狗的輕咬行為有時看在飼主的眼裡天真可愛，但因為小狗狗力道拿捏不好，一個不小心可能真的就會咬傷你；還有，張嘴咬的動作若成了習慣，一旦遇到不開心，狗狗就會開始張嘴來恐嚇，就永遠學不會「不能張嘴對人」這項重要的教育功課。

因應對策

採用消極處罰（不予理會）＋正面積極強化教育（加強正確行為）。

STEP1.

當牠們張嘴想和我們玩時，你要直接站起來或停下所有動作不予理會。

STEP2.

若狗狗仍是張嘴，請抓著項圈不動，冷靜對待，任由牠們去恐嚇、去掙扎，千萬千萬不能也不要打嘴巴。

STEP3.

耐心教導（如果狗狗牙齒尖利，請善用厚手套，防止被咬傷），待牠冷靜下來不咬、開始舔手之後，再靠近牠跟牠玩，讓牠學習到溫和的玩才能繼續遊戲。

STEP4.

一定要給予口頭獎勵，以「好棒」、「好乖」……等正面積極的稱讚給予肯定，讓牠們知道冷靜不張嘴是一件非常了不得的事情。

一隻六個月大的博美狗，每次在主人逗弄牠的時候，牠總是非常喜歡咬主人的手，雖然有時只是作勢或輕輕的啃，但仍讓飼主感到威脅。有一次就因為狗狗太過激動，真的咬傷了飼主，飼主不勝其擾，於是來求助問我到底該怎麼辦？

TOM幫幫你

我常常跟飼主們說：「毛小孩的利牙，就像小孩身上帶著的刀。」所以，我們要正確的教導孩子們，刀子是用來吃飯切肉的，而不是用在情緒上，拿來恐嚇攻擊別人的。

很多飼主都有因狗狗會不斷咬手，或在玩的時候不斷張嘴而感到困擾！其實，當幼犬出生大約五個星期之後，就已經開始會走、會和其他幼犬一起玩耍，母狗這時就會開始教導幼犬了；再來，好習慣是從小養成，教導幼犬就是要從小開始。

我們人類的皮膚比較嫩，所以即使只是牙齒輕輕刮到，對我們來說都是非常痛的！加上許多狗狗在換牙時期，因為牙齒癢，所以看到什麼東西都會咬，在這時期，可以給磨牙棒（有犛牛起司棒、啃咬玩具等等，可去寵物店詢問哪一種試合自己的狗狗）。

同時，在這時期也要一直看護著狗狗，我們的物品、家具才不致於受到損害。若想以最小努力達到教育的最大成效，狗狗平日的作息行程表是必須的，不可採取放養的方式。平時讓牠有自己的安全地方待著，而該出來玩的時候，我們就必須陪伴著牠們。

要教育狗狗不張嘴，其實不難，先決條件是**絕對、絕對在任何情況下都不要用手去逗牠們或用手和狗狗玩**，因為一旦習慣了，牠就會把你的手當做玩具，在看到你手又過去逗弄牠的時候，自然就會張嘴咬人，所以平時就要

讓牠們習慣和玩具一起玩。

跟牠遊戲的時候，若又想咬人，就停下所有動作十五～二十秒，待牠冷靜下來不咬之後，再繼續和牠遊戲，但都要以不需接觸的遊戲為主，例如，撿球遊戲。慢慢地，當狗狗又想張嘴咬人的時候，就會因為飼主停止、離開的動作，開始尋求其他玩具的慰藉。

在陪伴著狗狗的過程裡，若幾次下來狗狗仍不受控制而喜愛張嘴威脅，那麼就必須要找專業人士以最正確的方式來教導，千萬不可打罵威脅來達到目的。要記住，**耐心， 冷靜和自己的沉穩才是教育狗狗的關鍵。**

Q13 狗狗不怕陌生人，看到人都會撲過去玩，這樣好嗎？

A：狗狗之所以會不怕陌生人，是因為現在很多人飼養狗狗都喜歡讓狗狗和其他狗或人一起玩， 這樣可以讓狗狗多和外界接觸，增加社交能力，尤其**膽小的幼犬，從小開始培養社會化，可增進長大後成為自信的狗。**

在北美，都是希望狗狗能對陌生人友善、不會怕陌生人、不對陌生人亂叫，所以從小開始就會帶幼犬去陌生的環境，實地學習遇到陌生人不要激動、不要亂叫，然後當幼犬做到後，給予表揚，讓幼犬在開心的情況下學習。

因應對策

使用正面積極加強教育。

STEP1.

當狗狗激動撲人時，應要冷靜應對。先穩定狗狗，這時可扣著項圈，等待狗狗自行冷靜。

STEP2.

冷靜後，先口頭稱讚，等待自行坐下，再給點心。

STEP3.

狗狗冷靜後，才讓對方一步一步靠近。

STEP4

狗狗又開始激動，不坐下，請對方停止靠近，等待狗狗冷靜下來，再重新靠近。以此不斷地重複練習來加強狗狗對一件事情的記憶， **要想狗狗養成習慣還要每天堅持訓練**， 直到寵物狗狗清楚的理解不能撲陌生人並且養成習慣之後，才能停止此一訓練。 當然， 值得注意的是，如果狗狗在訓練的過程中能很好的抵抗住陌生人的誘惑，完成訓練， 那麼也要第一時間給牠鼓勵和讚揚，你可以摸摸牠的身體， 也可以給牠一些美食作為獎勵。

我收到一個主人的求救：我養了一隻羅威納幼犬，除了是我的伴之外，我也希望牠能夠貼身保護我，所以我刻意不想讓牠和一般人太親。但，我發現，牠看到陌生人都不太會叫，我很擔心當有壞人時，牠保護不了我，也不能保家護院，該怎麼辦？

TOM幫幫你

在回答問題前，先解開許多人的迷思：大多數的人都認為若是要選做為守護犬的狗狗，一定要選擇軍犬或警犬之類的品種，因為牠們天生具有攻擊性，見到會動的東西都會想撲上去咬。相對地，家裡若是有守護犬，只要牠見到陌生人就咬，不論好人、壞人，那麼就會認為牠是一隻好

的守護犬，因為會咬陌生人的狗狗就懂得保家護院。

事實正好相反，**其實會攻擊人的狗大多都是膽小的，都是基於自保而先攻擊人，並不是真正具有正確的分辨能力、訓練有素的狗。**於是我告訴那位飼主，他的狗狗看到陌生人不會叫其實不用太擔心，因為實際上，真正懂訓練軍犬和警犬的專業訓練師，在選擇幼犬時，都會取向選擇個性穩定、有自信、善於社交、膽大心細、訓練度高的狗狗，若是在訓練過程中，狗狗有低吼或亂攻擊的行為，都會被視為膽小沒自信的表現，像這類犬種都會直接被淘汰，而且沒有任何機會再重新訓練，因為，天性是無法改變；而在訓練過程中，訓練師也會透過大量的社交，來確保幼犬到成犬時期能擁有正確的分辨能力。

所以，在**養育守護犬時，幼犬時期的社交是非常重要的！但不用擔心牠們因此會失去保家護院的特性，因為這是天性。**我教導過無數的守護犬，在外面對非威脅的人其實是非常友善的，但回到家後，若有陌生人進入牠們的地盤，就會開始低吼或吠叫來警告對方。

在此要再次提醒養育守護犬的飼主們，保家護院是守護犬的天性，我們的職責就是要教導牠們如何去分辨朋友和敵人，讓守護犬能發揮保家護院最大的能力。

Q14 為什麼狗狗和貓咪無法共處一室？狗狗真的討厭貓咪嗎？

A： 狗狗絕對沒有討厭貓，因為只有我們人類才有「討厭」的感覺。

相對地，也有人說貓咪也不喜歡狗狗，總會出爪想抓、想攻擊。其實這是貓牠自我防禦的方式，並不是貓咪討厭狗狗。總歸來說，**狗狗會追逐貓咪，跟狗狗的品種有極大關係。**

為什麼這麼說呢？幾千年以來，狗狗的品種隨著人類選擇性繁殖的結果，讓牠們開始身負不同的功能與特色，例如，獵犬、牧羊犬、守衛犬、玩具犬、工作犬、雪橇犬……等等。可惜的是，現代人因為看狗可愛，就把原本具有工作性質的狗帶入家中，但又不給他們相同的運動作為排解，甚至在尚未了解狗的特性和用處時，就因為個人情愫而把狗帶回家飼養，導致許許多多的問題出現；當問題出現時，又不肯用狗的觀點來解決，只一味的用人的立場來嘗試改變，這樣不但沒有用，反而導致更多的狀況產生。

說白話一點，一堆狗狗的問題，就是因為人欠缺知識所造成的，例如，

有些人養哈士奇，但忽略牠們是寒冷國家的雪橇犬；有人養柯基，而忘了牠們原是牧羊犬；一堆人養米格魯，卻可能不知道牠們本是追蹤性質的獵犬；甚至，好多人養柴犬，根本忽略牠們原是山中獵犬，需要大量運動……所以當這些狗狗被養育在室內時，最需要加強的就是在家中的禮儀，才能夠好好地適應在家中室內的生活。

台灣土狗也是其中之一，其本性是獵犬，適合在野外居住，跟著原住民一起打獵，饒勇善戰，就算是混種，也逃脫不了牠們是獵犬的基因。但當你

把牠們帶回家，居住在都市，牠們仍是保有牠們的本性，還是會理所當然的去追小動物。試想，若你家狗狗的天性是打獵，那麼貓在牠的眼裡是什麼？答案是「獵物」，所以，狗狗自然會本能性地去追逐，而這樣的行為看在人的眼裡，就自以為的解讀成「討厭」了。

所以，**狗狗會追貓咪，絕對不是因為牠們「討厭」貓或小動物，而是因為本性**，只要我們讓牠們理解什麼是獵物，什麼不是，教導牠們正確的分辨能力，再加上足夠的運動，消耗牠們的精力，自然看到貓或其他小動物就不會再去追逐了，當然也就能和貓咪好好相處囉！

因應對策

想要讓狗狗適應貓咪或其他小動物，不再追逐，可以採用消極處罰（不予理會）＋正面積極強化教育（加強正確行為）

STEP1.

先讓狗上牽繩，若狗狗處於非常激動，難以管理時，請放置在狗籠或圍欄內，而家裡有貓或其他小動物，這時可讓牠們在狗的附近活動。

STEP2.

當狗開始激動要衝過去時，請踩著牽繩，阻止狗過去。如果狗在狗籠或圍欄，可能會因為激動吠叫，請全部無視。

STEP3.

當狗狗消耗掉所有精力，對貓咪或其他小動物不再激動，給予點心，撫摸或口頭稱讚。

STEP4.

慢慢地當我們加強狗狗看到貓或其他小動物冷靜下來的行為，狗狗就會一直持續著保持冷靜，這時貓或其他小動物就會自己過來靠近狗狗了。

案例 S.O.S!!

有個主人來信感覺相當苦惱，信中表示：老師，我領養了一隻狗叫「小黑」，但這隻狗超級討厭貓，會攻擊、會吠叫；同樣的貓也非常討厭牠，會出爪、會對狗嘶嘶叫。

於是，在家時，我都把小黑綁著，讓貓自由，想讓小黑了解先來後到的道理，但小黑完全不懂尊重，只要貓咪一走過去，牠就想要攻擊、吠叫，甚至還會攻擊我們家原本就有的一隻狗。我原以為兩狗一貓應該能和平相處，可以非常完美地玩在一起，但我真的沒想到他們會那麼不合！偏偏我們這邊流浪貓最多，每次帶小黑出門尿尿，我一刻都不敢疏忽，深怕一個不小心會有悲劇發生。

盡管我小心翼翼，小黑每次看到流浪貓，仍總是像個瘋子般的想追、想咬、狂叫，我每次為了想抓住牠的牽繩，常常手都會被扯得扭曲變形（因為小黑的力氣很大，每次我都差點被拖走），我到底該怎麼辦？

TOM幫幫你

剛開始，我先教導主人如何讓小黑在家學會冷靜，讓主人藉由踩牽繩來控制小黑，再加上稱讚和獎勵，讓小黑了解冷靜的好處。

除了家中練習冷靜之外，也必須要帶小黑到室外運動消耗精力。但由於

小黑在外會對流浪貓痴迷，所以我會先適當地讓小黑藉由跑樓梯消耗部分體力（注意，跑樓梯之前，可先諮詢獸醫，診斷是否適合跑樓梯），如果家裡有跑步機，亦可一起配合使用。

在會冷靜，加上適當運動消耗體力後，接下來，就是讓貓出來在牠面前晃，開始刺激小黑。這時我把小黑放在圍欄裡（亦可放在狗籠裡或上牽繩），當小黑一看到貓又開始瘋狂亂叫想暴衝時，因為有圍欄（狗籠或牽繩）控制下，小黑無法靠近貓，這時我請飼主要有耐心的等，不論小黑如何狂叫，如何不受控制，都要等到小黑完全消耗掉體力自行冷靜下來後，才給予稱讚獎勵。

那麼為何不先嘗試著控制小黑呢？原因是，小黑已經處於狂躁的狀況，這時如果強制來控制小黑，很容易造成小黑心理上的壓力。所以最好的方式就是讓小黑盡情發洩後，冷靜下來了再好好的稱讚。

在一次一次的刺激下，小黑已學會看見貓能冷靜下來，下一步就是在牽繩鬆開的情況下讓貓接近牠，只要小黑能冷靜，一般來說，貓自然就會靠近。而當在室內已能好好的讓小黑看見貓冷靜下來，接下來的挑戰則可以轉到門口或門外。每次一到門外，若小黑見到流浪貓又開始狂躁，我會馬上當機立斷帶回室內，等待牠冷靜後，稱讚，再一次出門口。就是這樣不斷地做練習，讓小黑學會對貓的減敏，很快地，小黑就可以和家裡的貓和其他狗狗和平相處了。

Q15 狗狗上了那麼多的課程，怎麼知道到底有沒有效？要能做到什麼樣的程度才稱得上是一隻教育成功的狗狗呢？

A： 我相信這也是許多飼主都想要知道的答案！

基本上，狗狗若是很受教，教育很成功，表示牠除了身心健全、不會有憂鬱的問題之外，同時也一定是隻能讓飼主感到開心的狗狗，在彼此良好的影響下，狗狗必然也能感到快樂。

那麼到底要怎麼來評估狗狗的教育夠不夠完善呢？基於北美兩所最大的狗協會 AKC（American Canine Club）和 CKC（Canadian Canine Club）所訂出的標準，**以下的表單是一隻教育完善讓大家都能開心的毛孩所必需具備的條件**，大家不妨跟著下面的評估表一步一步來勾選，看看自己的毛孩做到了多少？

□	1. 能夠乖乖的，靜靜的待在自己的空間裡，不管主人是否在家。
□	2. 不受外界干擾，教育良好的狗狗自我控制能力很高，對於外界的誘惑或干擾可以視而不見。
□	3. 不論什麼情況下不隨便亂咬東西。

□	4. 不論什麼情況下不隨便亂撲人或跳上任何家具，取而代之的是搖尾巴乖乖的待在人身邊。
□	5. 永遠尊重飼主和其他人。教育良好的狗狗知道在飼主或其他人面前都必須要尊重，不能撲人、不能乞食、不能抓人、不能對人張嘴。
□	6. 不論什麼情況下不亂咬東西，除了自己的玩具及骨頭之外。
□	7. 當飼主說 「過來」 時，能夠馬上乖乖走到飼主面前。教育良好的狗狗，特別是在戶外，即使遇到喜歡的事物，也能跟隨飼主的行動而不失控。
□	8. 不會亂追逐其他會動的生物，除了自己的玩具及骨頭。
□	9. 散步時，永遠都跟在飼主的身旁後方，不超過飼主；當飼主停下時，也會立即停下乖乖等待下一步指示。
□	10. 當陌生人或朋友接近時，不撲向他們或害怕。教育良好的狗狗知道要控制自身的興奮和恐懼，會非常有教養的乖乖等待飼主下一步指示。
□	11. 能夠跟其他狗狗或人好好相處。
□	12. 不過度保護自己的食物、床、玩具……等等。

□	13. 能夠快速適應新的環境。教育良好的狗狗，對於環境有著極大的適應能力，面臨新環境，不會有幾天不吃飯、不廁所、聽到聲音亂叫、瑟縮在角落發抖的情況發生。
□	14. 不論是在被觸摸、美容、梳毛、洗澡、剪指甲、清耳朵……等等情況下，都能乖乖、靜靜地讓飼主或他人處理。
□	15. 能夠冷靜、友善的與其他寵物和小孩相處；能忍受小孩子的吵鬧和挑釁；能控制自身的衝動不去追逐貓或其他寵物，最終知道冷靜和友善的面對其他寵物和小孩。

羅馬不是一天就可以造成的，要做滿上述十五個條件也是需要長年累月的耐心教育。若狗狗達到滿分，恭喜你，狗狗教育成功；但若是毛孩仍有不足之處，也沒有關係，再一起努力、學習，讓狗狗更棒、更好！

沒有錯誤就沒有學習！再一次提醒，在教育過程中，千萬別忘了，一致性、一貫性，才是教育的不二法則。

我的英國鬥牛犬 Max，才兩個月，剛剛帶回家，但因為牠隨地大小便，晚上又會哭鬧，搞得我們好幾天都睡不好；出來玩的時候又到處咬東西，還會追著我們的腳跟、褲管咬，好麻煩，為何養狗狗這麼麻煩？我該怎麼辦？

TOM 幫幫你

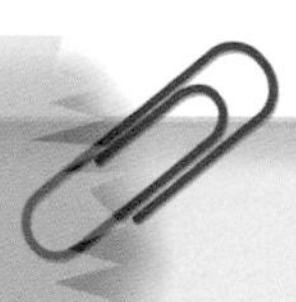

幼犬剛回到家，一定需要一些時間去適應，這時就要開始制訂一套標準和規矩，由**最簡單的行程表，白天每三小時休息後帶出去上廁所，廁所完之後就可以陪著玩耍一小時，把精力消耗掉，接下來又是回去窩裡面休息，完全就是模擬母狗帶小狗的方式來帶幼犬，自然會得心應手。**

在我的建議下，Max 的飼主報名了好狗狗的四星期禮儀課程（在之後的章節會仔細說明）。第一堂課，就是針對幼犬的生活做規範，包含上廁所時間表和加強幼犬冷靜的部分。而第二星期就是加強不張嘴和人玩、不追人褲管咬、吃飯禮儀等等。第三堂課和第四堂課加強如何正確玩遊戲、如何在興奮程度下不撲人、散步不拉人跑、習慣美容等等。

Max 在我們嚴格地要求牠遵照規矩，用一制性、一貫性地持續去教育牠之後，不僅養成了好習慣，很快地生活規律，也有了秩序，終於讓飼主感受到了養狗狗的樂趣；同時也讓飼主知道養狗狗不僅要有愛心，還更要有耐心和方法，讓狗狗從小養成好習慣，長大後，自然可以成為人見人愛的成犬。

Q16 狗狗為什麼會經常啃咬、破壞家具，甚至有時會啃咬自己身上的毛？

A： 若是家中的狗狗常會發生這樣的情況，主要都是因為狗狗的運動量不足，造成狗狗本來就有過多的精力與壓力無處發洩，所以用破壞家具、啃咬自己的毛、過度吠叫等等這些嚴重行為來解決。這時候，若主人再用打罵方式想終結這類行為，只會造成更大的反效果，因為打罵之後，狗狗的心理壓力更大，就愈發需要抒發管道，只會讓這類行為更加嚴重。

其實，不論是小孩子或青少年也是一樣，只要一無聊，很容易就行為失控，**但只要能有正常管道幫助牠們紓解過多精力，壞行為自然消失**。而在教育破壞行為和過度吠叫這些問題時，都要先透過學習冷靜，再加上給予大量的運動來釋放狗狗的壓力。**切記，精力完全消耗掉的狗會是好狗。**

那麼，運動量要多少才算足夠呢？散步一小時足夠嗎？

運動量完全取決於品種和年紀，年紀越大，運動量越少，相對而言，八九個月大的幼犬，擁有無限的精力是正常的；至於普通寵物玩具犬，大概可以和其他狗一起跑半小時至一小時就累了；但工作犬，獵犬，牧羊犬或雪

橇犬等中大型犬和其他狗狗一起跑，可能兩個小時以上才會累。

在開始制訂運動之前，最好先帶去給獸醫檢查到底多少運動量才適合自己的狗狗，同時也必須檢查生理方面，因為有很多純種狗經過不當的繁殖（近親繁殖），導致髖關節有毛病的機率非常大，這些都需要在制訂運動計畫之前先做檢查，以確保身心健康。

因應對策

忽視壞行為，專注好行為，並制訂遊玩時間。

STEP1.

平時在家時，就應該正確的控制狗，讓狗狗待在身邊先學習冷靜，這樣可以避免狗狗因為要引起主人注意，而去故意破壞家具。

STEP2.

添購玩具，制訂二～三次玩樂時間表，讓狗狗每天有規範的遊玩時間，讓狗狗學會每天在同樣的時間，主人會和狗狗一同玩耍。

STEP3.

添購狗骨頭，平時當在主人身邊時，只要看到狗狗啃咬骨頭，馬上鼓勵稱讚，讓狗狗知道，只要去咬骨頭，就會被注意。

STEP4.

當狗狗出現自殘情況，先帶給獸醫，確保不是生理問題後，再開始治療心理。當確定是心理因素後，千萬不要給予過多的注意力，也不要試著制止，可以給予狗骨頭或其他啃咬玩具來轉移狗狗煩躁的心情。

STEP5.

每星期，請帶狗狗到戶外至少兩次，徹底發洩所有精力。

案例 

一隻米格魯（英國小獵犬）Hunter，因為主人經常一整天不在家，所以無法常常陪伴狗，也無法帶 Hunter 散步或到狗公園玩，Hunter 精力無法消耗殆盡，於是出現了讓人不可理解自殘性的心理疾病；每當主人不在家時，牠除了不停嚎叫導致鄰居投訴，還會不斷地把鼻子磨蹭地毯，直到鼻子出血，所以當主人回家，看見地毯上一條條清晰可見的血跡，自是心疼不已。

TOM 幫幫你

首先，我讓主人了解米格魯的性格。米格魯是英國專門用來獵兔子的獵犬，在打獵時期就是靠鼻子在地上聞兔子的氣味，一有兔子的味道後，會馬上衝過去不斷的嚎叫來驅趕兔子出洞穴讓獵人捕捉。這也說明了為什麼 Hunter 會用不斷地在地上聞，甚至磨鼻子的自殘方式。

在主人充份理解了米格魯之後，我請主人白天帶著 Hunter 來中心和其他狗一起運動社交，每星期三天和其他的狗狗一起玩樂，徹底的讓 Hunter 把精力消耗掉，加上在家加強啃咬骨頭，之後 Hunter 就再也沒有自殘的行為出現了。

許多的吠叫、破壞家具、破壞環境以及自殘行為都是和精力過剩有直接的關係，這時候，就算用打罵，只會加深狗的緊張和壓力，問題只會越來越嚴重，只有徹底消耗體力才會根本解決問題。所以在**養狗之前，請務必一定要了解狗狗本身繁殖的特性。**

為什麼只要用吸塵器或是用拖把拖地時，狗狗就會一直狂叫？甚至追著拖把咬？

A：其實狗狗會出現這樣的狀況，大都是因為沒有受過環境社會化的訓練。所謂「環境社會化」的訓練指的是狗狗對各種環境的適應能力訓練，而大部份的飼主都忽略、也不重視這一點。

狗狗為什麼需要社會化？其實**環境社會化在牠們的生活中是非常重要的一部分**。我們先試想，若是一隻狗狗從未走過樓梯、搭電梯，直到主人搬到必須上下樓梯或搭電梯的大樓裡；又或者牠從小一直生活在鄉村裡，突然有一天跟主人來到繁忙的城市中……狗狗如何能夠適應或融入呢？

最現實的例子，也是我看過最多的情況，就是狗狗從小到大都一直被關在家裡，非常少有機會到其他地方。突然有一天，當主人要出門旅行，把鮮少出門的狗狗放在狗旅館或朋友家，想想看，狗能適應嗎？有許多狗因此幾天不吃飯、不廁所，甚至開始對「主人出遠門」這件事有陰影，還因此得了分離焦慮症，在主人接回家後，狗更是寸步不離地跟著主人。這對狗和主人之間的關係是非常不健康的。

無論是幼犬或成犬，只要開始養育之後，在確定預防針都打齊了，就可以帶著牠到不同的地方去熟悉適應環境。像在家裡時，就可以讓幼犬或成犬熟悉家中的器具，例如，吸塵器、掃把、拖把等等，尤其是吸塵器，多數的狗狗都會害怕，若是能夠讓牠們環境社會化，就不會再有吠叫或追逐的狀況發生了。

因應對策

採用「獎賞培訓教育」，透過加強好行為，以正面鼓勵方式來教育。

STEP1.

準備項圈、牽繩、吸塵器、小點心。

先讓幼犬或成犬上牽繩，確保牠們不會因為恐懼而逃跑，要讓牠們勇敢面對。

STEP2.

踩著牽繩，請家庭成員帶著吸塵器接近狗狗，當感覺到狗狗開始害怕的距離時，請停止，等待牠慢慢放鬆之後，給予口頭稱讚以及小點心做獎勵。

STEP3.

試著將吸塵器更靠近狗狗，直到狗狗已經接受吸塵器在牠們面前為止。

STEP4.

接下來可以更進一步的開啟吸塵器（別移動吸塵器），這時狗狗可能會因為聲音而害怕想逃跑，飼主要踩緊牽繩，直到狗狗冷靜下來，再給予獎勵和稱讚。當狗狗適應吸塵器的聲音後，便可以移動吸塵器，若是狗狗沒有吠叫或追逐，表示教育成功，一定要給予稱讚和獎勵。

我家領養回來的瑪爾濟斯混西施的狗狗，叫小寶，對於掃把，拖把，以及吸塵器非常的討厭，每次我在打掃時，都會在旁邊一邊吠叫，一邊攻擊掃把、拖把或吸塵器。另外，狗狗當有外人來家裡，他也是一直對別人叫，有好幾次都想要攻擊。狗只要一到外面，也是對什麼都吠叫，是不是因為領養回來的狗狗都會心裡有創傷所致？

TOM 幫幫你

許多人認為領養回來的狗狗心裡都會有創傷，所以導致很多行為問題，這對也不對，狗狗對環境的敏感程度，除了後天影響，先天的本性也占了很大的部分。

如果天生就對聲音事物敏感緊張，透過後天大量的社交後，狗狗到了陌生的環境，雖然還是會緊張，不過也很快就可以適應；而若是因為後天沒有大量社交的敏感緊張型狗狗，情況可就不是這樣。很多緊張又敏感的幼犬，在沒有通過後天大量的社交教育，成犬後多數會以攻擊性來回應，包括露齒、低吼、吠叫、啄咬等等。

領養回來的成犬，或多或少因為過往經驗、過往環境的影響，會對特定的人事物過度反應，這時就是要開始做減敏的訓練。

所謂減敏，就是在狗對於一件或多件事物有過度反應的情況下，不斷地模擬當下狀況來刺激狗，進而讓狗習慣刺激後會冷靜下來，然後加強冷靜的反應。

在這個案例中，我第一步先教主人在家中讓小寶上牽繩訓練冷靜；當主人坐著的時候，踩牽繩讓小寶待在身邊，當小寶冷靜趴下坐下時，才給予注意力，其他激動時候則不理會，把關注放在小寶冷靜的時刻。過了幾天，小寶就已經知道，唯有冷靜，主人才會給予注意力。

下一步，我們請主人踩著牽繩，把拖把、掃把和吸塵器拿出來慢慢地靠近小寶，每當小寶一激動，我們就停止不動，等待小寶了解這些物品不會傷害牠，最後終能安靜下來的情況下，再把拖把、掃把和吸塵器放置在小寶身邊，一直獎勵稱讚小寶的冷靜時刻。接

下來，我們把拖把、掃把慢慢移動，若小寶又開始激動時，只要謹記，每當小寶一激動，我們就馬上不動，直至牠冷靜後再繼續刺激。

當小寶面對這些物品能夠安靜下來之後，再進階的開啟吸塵器，讓小寶習慣吸塵器聲音後才開始帶著吸塵器吸地。在訓練時期，一定都要上牽繩，隨時可以控制小寶，在經過減敏過程後，小寶已經可以習慣拖把、掃把和吸塵器在他面前而不會激動了。

至於，狗狗對於外人的吠叫或攻擊，則是利用冷靜訓練和點心來放鬆小寶對於外人的警戒心，也就是說，當有朋友來訪時，利用踩牽繩讓小寶冷靜，冷靜後再讓朋友餵小寶吃點心。當然這一個步驟需要更久的時間來教育，只要讓小寶習慣家裡有外人，以後有朋友來訪就不會再吠叫或攻擊，之後就可以在室外進行練習了。

有時候**狗狗需要較長的時間（一年以上）來習慣陌生人，這都是正常的，**畢竟教育狗狗不只要有愛心，更需要大量的耐心，尤其當狗狗不習慣陌生人接觸進而吠叫攻擊時，飼主千萬不要用處罰作為回應，這只會加深牠對陌生人的負面影響。總之，等待狗狗冷靜、加強冷靜才是處理敏感狗狗的最佳方式喔。

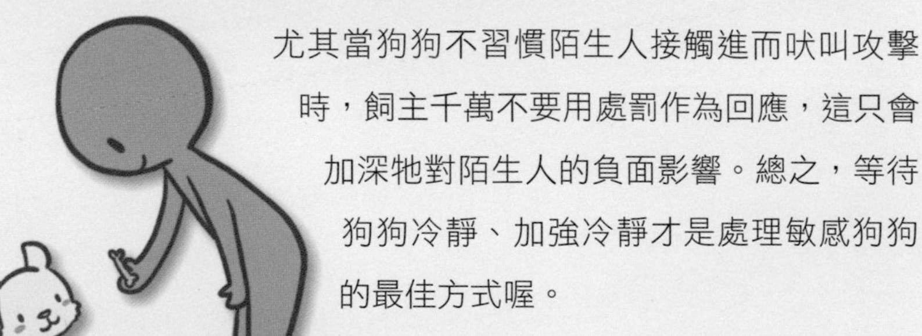

Q18 狗狗一定要結紮嗎？

A：這是非常嚴肅的問題，許多主人對於結紮或節育手術不但反對，還相當的反感，認為人類剝奪了牠們的生育能力是很殘忍的，即使當他們的狗狗出現行為上的問題時，仍還是堅持不讓成年狗狗做結紮手術。

狗狗很多的行為問題，其實都和「有沒有結紮」有直接或間接的關係，例如，尿尿標記、打架、兇惡、護地盤、焦躁不安以及發情期跑丟……等等，所以想要減少這些偏差行為讓狗狗能夠更穩定，最直接的方法就是結紮或節育，不僅主人省心，狗狗也會更冷靜、更開心、更感謝你，這也是為什麼一般像服務犬，軍犬和警犬，也都會被要求做結紮手術的道理。

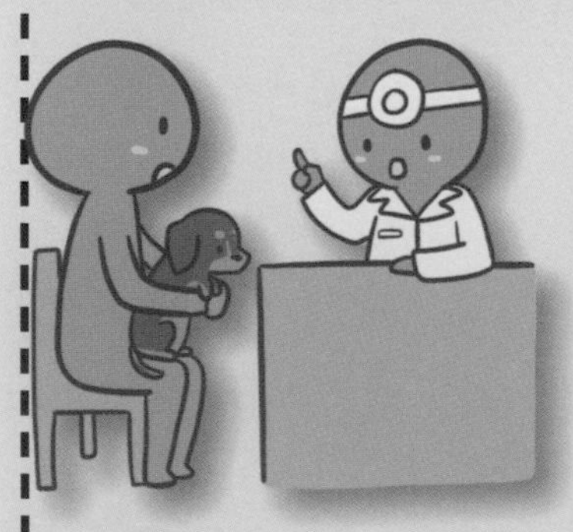

愛你的狗，請幫助牠們做結紮手術或節育！可選在打完預防針之後，也就是狗狗六個月大後就可以做結紮手術。當然，就像所有手術一樣，雖然結紮手術已經非常成熟，但還是有一定的風險（傷口發炎感染），所以要決定做結紮手術前，一定要好好的在動物醫院問清楚狗狗的健康狀況，以及打聽獸醫診所或動物醫院的風評，才能確保手術安全，狗狗健康開心。

TOM 第18計

因應對策

狗狗罹患生殖系統疾病的比例相當高，結紮手術除了可減少棄狗的數量之外，對於維持狗狗的健康也很有幫助。結紮後要怎麼照顧呢？

STEP1.

結紮手術之後，為避免狗狗舔傷口造成感染或傷口不易癒合，狗狗一定要戴上頭套，時間大約為一星期。另外，若家裡飼養一隻以上的狗狗或有其他寵物，建議要將牠和其他的狗狗或寵物隔離，不然很容易因為玩耍或互舔，讓狗狗的傷口不易癒合甚至感染。

STEP2.

可在原本的食物之外，多補充一些高蛋白的營養補充品，份量可詢問獸醫，以利狗狗恢復體力。

STEP3.

在拆線後的 2~3 天後才能洗澡；但若無須拆線，則大約在手術後兩個星期才可以碰水洗澡。

STEP4.

結紮的狗狗其活動區域必須每天都要清潔乾淨，保持環境乾爽。另外，因結紮的傷口多少會有血漬，也要盡量避免狗狗趴在地毯或沙發上，以免弄髒或是因為布質上有細菌而導致狗狗感染。

案例 S.O.S!!

一位男飼主說，家裡剛剛收養了一隻小公狗，為了怕牠長大後發情期很麻煩，所以想帶牠去結紮，但老婆堅持不肯，認為結紮是極不仁道的事情，同時也擔心結紮後狗狗會發胖、性情大變……為此兩人爭執許久、僵持不下，男主人相當苦惱，不知道該如何是好？

TOM幫幫你

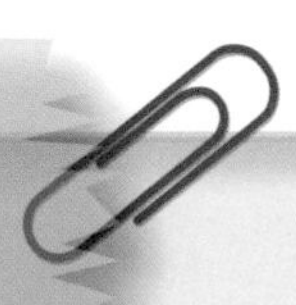

這是許多飼主會遇到的難題，通常都是因為狗狗結紮後的某些特殊個案，讓人以訛傳訛所致。以下就針對飼主常有的疑慮分別解釋說明。

→想留後代

大部份的飼主認為，若飼養的是母狗，那至少要讓牠生產一次，留個後代之後再去做結紮（雖然狗是絕對不會有所謂留後代的想法）。但事實上，

狗和人類一樣，生產過程中，母狗會遭受許多不可測的風險，有時母狗會因難產而死；有時也需要剖腹產，或幼犬會胎死腹中等等，若因為飼主一時私心而害了愛犬，反而得不償失。

→會變胖

坦白說，只有沒運動的狗狗會變胖，和結紮沒有關係。

→性情大變

當幼犬結紮過後（七～十二個月之中），剛好面臨牠的青春期（是的，狗狗也會有一到兩星期的青春叛逆期），所以剛好叛逆，和結紮是沒有任何關係的。

→無法保家護院

軍犬、警犬都有結紮，請看看牠們有影響其守護的天性嗎？所以，千萬不要過度的把人類複雜的思緒投射在狗狗的身上。

總之，結紮對狗狗好，對飼主也好！從下面的表格說明，相信就能讓您更清楚明白。

健康因素	在第一次有經期來之前做過節育的母狗，幾乎不可能會有任何乳腺癌或子宮蓄膿的疾病，這兩類都是危及生命的病。而有結紮過的公狗不會有睪丸癌；得到前列腺癌的機率也比尚未結紮過的公狗低很多。
心理傷害	若母狗尚未節育，會經歷賀爾蒙的變化和個性的轉變，而且母狗的氣味可傳達一英哩之外，有可能因此吸引過多的公狗追逐，而心生恐懼，作為母狗的主人也不會樂見自己的家門口總是聚集著許多公狗。 結紮過的公狗完全不會在生理上有任何損失，也不會因為失去生育能力而悲傷，但若未結紮，反而會因在發情時期強烈的交配衝動，而變得焦躁不安，會不計一切自行離家跑掉。
家具損害	經期來時的母狗有血性分泌物，會導致地毯和家具的損害，有時經期會長達三星期，而且每年有兩次。至於聞到這味道的公狗則會開始在家裡尿液標記，無論是在沙發，冰箱，牆壁，椅腳等等。

個性表現	節育後的母狗也不會因為賀爾蒙的改變而煩躁。 尚未結紮的公狗會對其他公狗更有侵略性，但結紮絕對不會影響牠們的看家護院本領，同時還可以幫助牠們個性更穩定、更放鬆，更能專注在看家本領上。
養育費用	尚未結紮或節育的不論母狗或公狗，除了壽命較短，在晚年也比較會遭受性器官癌症的困擾，而對於主人的醫療費用也是一筆消耗。
壽命長短	因為沒有賀爾蒙的影響，平均而言，**結紮及節育的狗可比尚未結紮的狗多活一年半的時間**。我見過非常多沒有結紮的狗，在十歲後，健康和精力比起同年有結紮的狗相差太多，老化的非常快。

結紮與否，在於飼主的選擇，無論如何，都希望每個毛孩父母能盡到愛毛孩的義務，愛牠們，就請幫牠們結紮或節育。

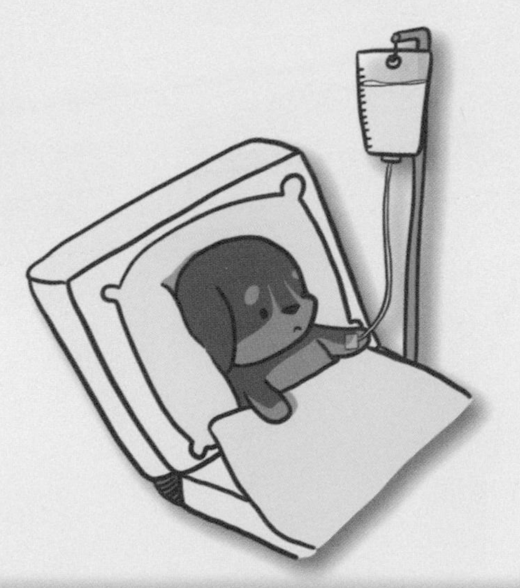

Q19 只要一有任何風吹草動，狗狗就不停吠叫，晚上更嚴重，罵牠也沒有用？

A： 想知道毛孩為何吠叫不已？要如何控制？首先第一步，我們要先找出吠叫的原因。通常毛孩吠叫原因有很多：

一、害怕：這是屬於最多的吠叫原因，當他們發現透過吠叫能驅趕自認為是威脅事物時，就會開始不停的利用，所以當門口有動靜時或在外面感到威脅時，就會吠叫。

二、 緊張不安加孤獨：狗狗會利用吠叫來宣洩心情，若因此得到了關注，便會開始不斷吠叫，尤以分離焦慮症的毛孩居多。

三、宣示地盤：狗狗有地盤性的觀念，若有人侵入地盤，牠必須要透過吠叫，宣誓主權。

四、 看門：人類自古以來就選擇性地繁殖

來讓狗狗顧家，自然希望有風吹草動就叫的狗狗是好的，所以一代又一代的把吠叫基因加大，例如，臘腸犬、迷你雪納瑞等等，牠們愛叫實屬正常。

五、 其他：人類近代因為喜歡養狗，導致市場一度供不應求，於是開始近親繁殖，造成一堆出生就有精神問題的狗狗。這些幼犬在兩個月大開始就會因為容易緊張、興奮、膽小害怕等等原因而亂吠叫。

TOM第19計

因應對策

這裡我們以狗狗最常發生的因「害怕」和「緊張不安加孤獨」兩種吠叫不停的原因，來教教大家該怎麼處理。

若是因「害怕」而吠叫不停的毛小孩，你可以這樣做：

因應對策：可採用「加強正面行為教育」。

當狗狗做得好時，正面給予稱讚、撫摸、擁抱、親吻、遊玩、點心等等，讓狗狗開始有自信，不再對環境害怕。（再次提醒，千萬千萬不可打罵，或是用水槍、搖鋁罐等等嚇唬牠們的方式，否則問題只會更加嚴重！）

STEP1.

當狗狗開始吠叫時，完全不予理會，只要陪在牠們身邊讓牠們發洩，在這中間千萬不能有任何動作，例如安慰、撫摸，只要陪伴牠們至完全安靜下來為止。

STEP2.

狗狗安靜後，即刻給予鼓勵，在平時也一定要

在牠乖乖的趴著或坐著時，稱讚一下，這會讓狗狗開始意識「如果我害怕吠叫，主人會陪伴、冷靜以待；當我冷靜下來時，我才會得到稱讚，我會感到開心，主人會陪伴我，我為何還需要害怕呢？」慢慢地你會發現，狗狗冷靜的時間多了，害怕的時間少了。

特別提醒：教育不是魔術！這兩個步驟看似簡單，但真的需要時間，想想，只要教育一兩個月，卻能給狗狗十幾年的開心快樂，絕對值得！若是只想尋找快速解決的辦法，通常不持久，更會破壞和狗狗之間的感情，唯有採取良性、溫柔的方式，才能真正有效地解決因為害怕而吠叫的問題。

一隻 5 歲德國牧羊犬（德國狼犬）「阿虎」，因為嚴重的吠叫問題，不僅飼主苦不堪言，甚至還引起溫哥華政府關切（溫哥華對於狗狗吠叫管制是很嚴格的）。飼主說，有一次因為阿虎又開始吠叫，怎麼罵都沒有用，於是他就拿報紙打阿虎，阿虎嚇得鑽進桌子下，但仍不斷地對他兇惡地吠叫。經過這次之後，飼主發現，阿虎變得更敏感，只要一有風吹草動便吠叫不已，有時連進門的陌生人，牠也會想攻擊，到底該怎麼辦？

TOM幫幫你

在我接到個案之後，實地去阿虎家裡進行評估。在與阿虎的互動中發現，其實阿虎的性格天生溫馴，但因為阿虎爸後天的打罵訓練，才會讓牠的狀況愈來愈嚴重。

一開始，我嚴格地告誡阿虎爸**一定要放棄打罵的方式，改用稱讚的教育。**

第一、二堂課，我先教主人不斷用稱讚的方式和阿虎建立信任，的確也明顯的讓阿虎和虎爸關係改善不少。但到了第三堂課，有一次外面有人經過，阿虎一看到陌生人便低吼了一聲，而且想要衝出去，我馬上抓著牠的項圈，這時阿虎喵了我一眼（有經驗的專業人士都知道，這是當狗要開始攻擊「阻止牠動作的人」時的反應），我馬上盯著牠的眼睛，不慌不亂沉著地面對，我心裡不斷想著：「就算狠狠被你咬，我也不在乎，我是來幫助你的，我會好好讓大家重新信任你。」在我堅定的信念下，我和阿虎就這樣對峙了幾分鐘，最後，牠嘆了一口氣，態度終於軟化了。

自從和阿虎的對峙成功，不但讓阿虎卸下了心防，更讓牠學會信任和尊重，阿虎又回到了以前愛撒嬌的可愛模樣了。慢慢地，幾個星期之後，阿虎愈來愈進步，再不會因為一點點的風吹草動而吠叫不已。

教育課程結束後的六個月，我再度回去拜訪他們，阿虎再也不會撲人或衝到門口對著人吠叫了，取而代之的是對人滿滿的信任。

因應對策

若是因「緊張不安加孤獨」的狗狗，你可以這樣做：

採取「加強正面行為教育」的方式。

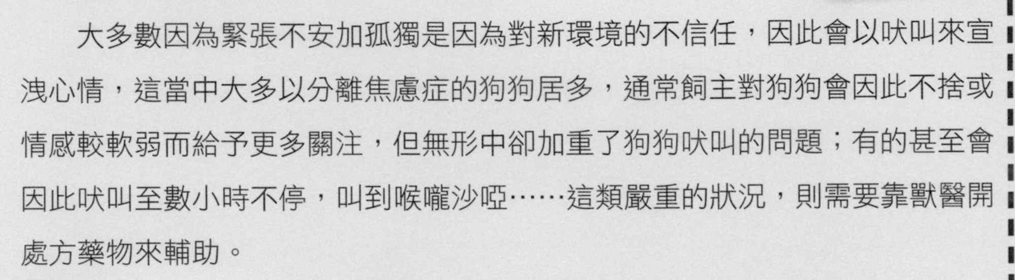

大多數因為緊張不安加孤獨是因為對新環境的不信任，因此會以吠叫來宣洩心情，這當中大多以分離焦慮症的狗狗居多，通常飼主對狗狗會因此不捨或情感較軟弱而給予更多關注，但無形中卻加重了狗狗吠叫的問題；有的甚至會因此吠叫至數小時不停，叫到喉嚨沙啞……這類嚴重的狀況，則需要靠獸醫開處方藥物來輔助。

STEP1.

加強環境的信任，在家每隔一段時間要讓狗狗待在自己的空間，例如，狗籠或圍欄，不要每次讓牠待在你身邊，讓牠開始學習信任環境。

STEP2.

每次狗狗在自己的空間冷靜下來時，請一定要加強正面行為教育，稱讚，獎勵。若在外面，狗狗聽到聲音開始吠叫，請即刻上牽繩或將手輕輕放置在牠的脖子上，讓牠感到安心，等待牠冷靜下來。

STEP3.

請在你每天出門前，帶狗狗出去跑步運動至少半小時到一小時，有效地把狗狗部分精力消耗掉，回到家必然需要休息，牠也就不太會因為孤獨而吠叫了。

STEP4.

平時可以多模擬出門時的狀況，若狗狗開始吠叫，請停止一切活動，等待牠冷靜，給予稱讚，再繼續下一個動作，不斷重複練習到狗狗不會再吠叫為止。回家後你要再給予稱讚、獎勵，讓牠們安心，知道你是會回家的。

上述教育方式，要特別注意的是，**練習過程中，只要牠們一吠叫，千萬不可注視牠們，也不可和牠們說話，要完全等到牠們冷靜後才給予關注。**記得，環境是最重要的因素，大部分人都沒有考量過環境的重要性，以為狗狗只要親近自己就好，其實太和我們親密而不懂獨立的狗狗都是屬於這類愛吠叫的，所以在怪牠們吠叫問題時，我們也要先想想自己是否才是造成狗狗會吠叫的主因。

一隻被養在公寓裡的柯基（Toffy），因為每次只要門外有聲音或是主人一出門，Toffy 就狂吠不已，叫聲又大，為此總是被隔壁鄰居投訴，主人不堪其擾，不知如何是好？

TOM 幫幫你

一般來說，因緊張不安而吠叫的狗狗，首先是因為對環境的不信任。毛孩的感官和我們不一樣，牠們主要是靠嗅覺和聽覺。所以**當牠們到了新環境，許多噪音和味道蜂擁而上，敏感的狗狗當然就開始利用吠叫來驅趕這些事物**，久而久之，就成為習慣。

再來就是當飼主在狗狗吠叫時，通常會馬上過去抱牠，情感上更是讓狗狗得到依靠，所以當牠們孤獨時，吠叫就更加厲害。

當我去 Toffy 家見到牠之後，發現 Toffy 非常有活力，在家也很沒規矩，跳上跳下到處跑，主人完全採放任方式。於是我先要求主人要在家裡設圍欄，強烈要求當主人外出不在家時，Toffy 要待在圍欄裡。面對約束，狗狗一開始當然抗拒，但一定要讓狗狗確實做到冷靜地待在圍欄裡才可以。當狗狗能夠冷靜下來之後，每隔 3 小時，再帶出來玩或帶去公園跑步消耗體力。重點是要不斷地加強做冷靜教育，給予鼓勵，直至狗狗能做到為止。

之後，再進階模擬出門情境演練，只要主人一出門狗狗又開始吠叫，就立刻停止所有動作，直至狗狗冷靜、給予稱讚後，再繼續下一個動作。不斷重複練習，慢慢延長時間，直至主人出門後，若沒有吠叫，繼續給予稱讚、獎勵。但若主人回家時，Toffy 非常激動，我要主人忽視，先做自己的事情，不要理牠，等待 Toffy 冷靜後才給予注意力。經過不斷的練習，才短短 3 星期，吠叫問題已經獲得很大的改善。

四星期好狗狗教育

- 第一週：
  教育須知、狗籠和圍欄訓練、
  訂時間表以及廁所訓練

- 第二週：
  名字訓練、吃飯禮儀以及不可張嘴訓練

- 第三週：
  玩遊戲、加強不可咬人、不可撲人訓練

- 第四週：
  保持冷靜，防止壞行為發生

你相信嗎？只要方法得宜，就能讓剛加入家庭的狗狗新成員，快速地在四星期裡融入家庭生活，成為人見人愛的好狗狗哦！新手毛爸毛媽們，趕快帶著毛孩跟著 TOM 一起開始學習吧！

四星期 好狗狗教育

一起來認識家庭新成員

在四星期好狗狗教育裡，我特別選出柴犬作為這四星期教育的主角，為什麼？在我教導過無數柴犬的經驗裡，有的天性乖巧，有的天性頑皮，但因為**多數人不懂柴犬的天性和特性，尤其柴犬性格非常細膩敏感，最不適宜用打罵方式教導。**

但大部分的人往往在養育了之後，沒有利用正確的方式來教育牠們，導致柴犬有不愛被人碰觸、不善於和其他狗狗社交、不尊重人、容易生氣等等的壞行為，然後主人才開始把所有的原因都歸咎於是狗狗的問題，但其實問題是出在我們主人的身上。

這些問題真的可以從小就開始預防，利用好的教養，讓狗狗從小就養成好習慣。再次提醒，多數柴犬心思細密、個性敏感，請勿用打罵來控制牠們或用打罵嘗試讓牠們服從，最終只會得到反效果。

這次選定做教育示範的小柴犬，性格易怒、強勢、非常不喜受人控制，一不喜歡就張嘴咬人，一出籠就像脱韁的野馬，主人在打電話給我時，已經非常頭痛。接下來的四個星期，請跟著我一步一步教導這隻小柴犬，如何通過「加強正面行為」教導，學會尊重主人。

教導過程中，愛心和耐心是必須的，尤其當狗狗做錯事情時，若是我們很生氣，那麼請選擇離開原地，待冷靜下來，再回來繼續教導。

首先，在進行教育之前，需要先準備好一些必要的工具：

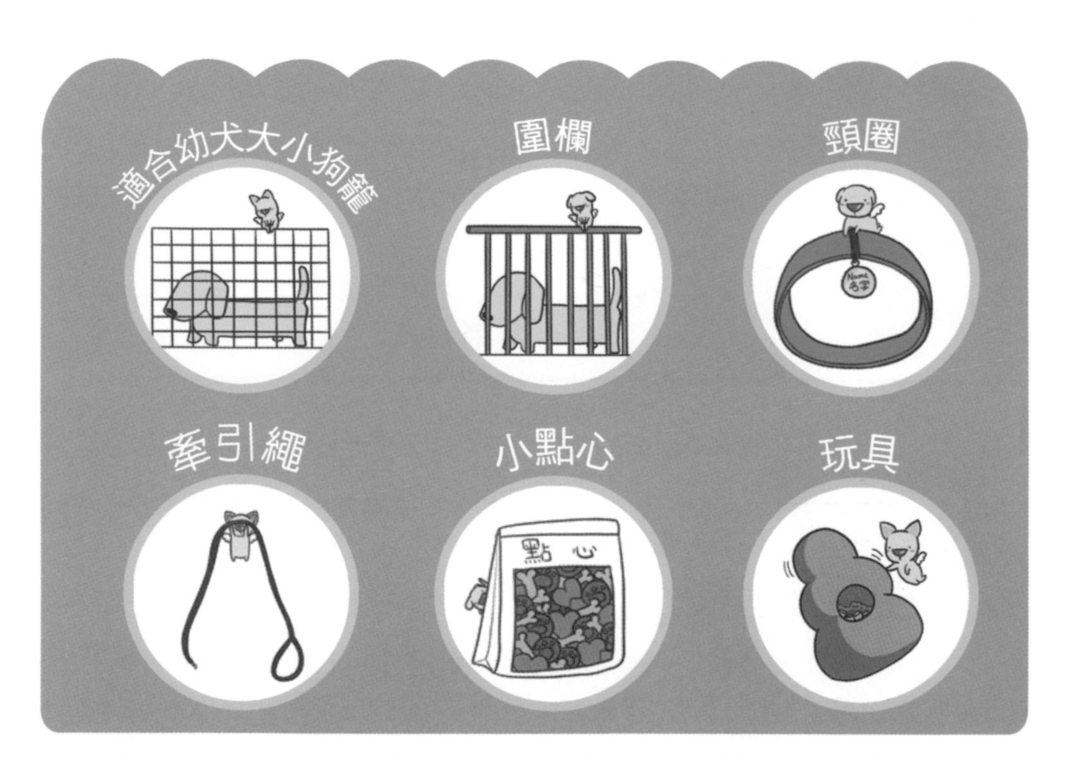

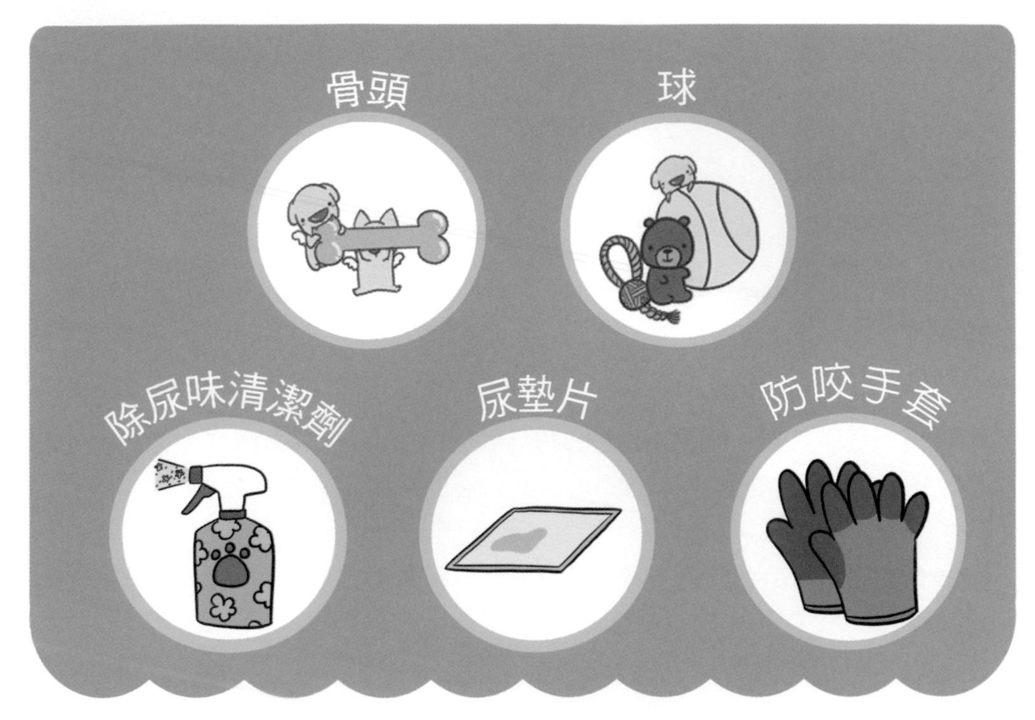

（在第一章我們已經介紹過如何挑選適合的工具）至於防咬手套則為非必要的，你可以視幼犬的狀況而定，若是幼犬牙齒非常尖利，則建議買防咬手套來保護自己纖細的皮膚。

柴犬小知識

日本柴犬目前是最受歡迎的犬種之一，原因當然是牠們那可愛類似小狐狸的外表以及矯健的身手。但也因為牠們原是日本用來獵捕小型動物的獵犬，所以本身仍然保有天生的野性，在獸醫界是赫赫有名的黑名單之一。故在幼犬時期要加強約束管理以及社交，每天消耗運動量也是必須的。

個性特點：心理纖細敏感、強勢、較獨立、精力旺盛、固執、聰明、頑皮、強烈警覺心。

生理特質：易掉毛，尤其春天和秋天換季時會大量脫毛，要定期地梳理。

第一週
教育幼犬第一課：教育須知、狗籠和圍欄訓練、訂時間表以及廁所訓練

第一次養育狗狗的新手爸媽，在狗狗準備進家門之前該如何做萬全準備？另外，又該怎麼教才能讓牠有良好的生活習慣呢？第一課我們要學的就是正確的狗狗教育須知，包括標設狗籠位置和圍欄訓練，以及如何訂時間表和重要的上廁所訓練。

新手爸媽的教育須知

教育前的家庭準備很重要，但心理準備也不能忽視。

在家庭準備部分，**尚未帶狗狗回家前，你就必須要先決定好狗狗的遊玩區域、狗籠位置、圍欄放置處以及廁所地點。**很多人認為自己住的地方不大，就讓幼犬或剛領養的成犬自行遊玩走動，但要切

記，幼犬或領養的成犬實際上就如同家裡有個小嬰兒或領養來的孩子，我們要從零開始重新教育牠們，讓牠們更快適應目前的居住家庭和家庭規矩。

另外，在心理準備部分則要特別注意，因為許多人曾看見了流浪狗的悲慘遭遇，於是便採取放任的態度想讓牠們開心。試問：若是領養的孩子，你會不去教育給他們規矩而讓他們天天玩樂嗎？他們這樣真的開心嗎？

同樣的狗狗也是如此。狗是群居動物，一旦失去父母的領導，將會無所適從，沒有安全感；沒有安全感，便會失去對父母的信任，於是遇到問題，就會照著自己的本能或過往經驗解決。切記，安全感和信任感是來自父母，良好的教育便能達到此目的，就算是多麼膽小的狗，只要父母給予足夠的安全感和信任感，當再遇到威脅時，自然不會因為害怕想自保而攻擊。

標狗籠、圍欄訓練

所有剛開始養狗狗的主人會面對的第一個主要問題，就是大小便。提醒大家，幼犬並不是本身就知道要去哪裡上廁所，而是需要主人的幫助才會了解。**在教導大小便訓練時，若沒有狗籠的幫助將會非常困難，一旦有了狗籠，多數狗狗在三天至一星期內便可以學習廁所訓練，所以狗狗要進家門的第一步，就是要為牠準備一個合適的狗籠。**

許多人在養育幼犬時認為狗籠是不正當的，於是採取放養的方式，一旦當幼犬沒了規矩亂咬物品，才開始抱怨「為什麼養狗這麼辛苦、這麼難。」但狗籠其實就是牠們的房間，亦是睡床，也是提供牠們舒適、安全、休息的地方，同時也是讓牠們學習憋尿、讓幼犬獨立的重要工具，對未來可能會產生分離焦慮症的情況大大減低，因此。一定務必要在幼犬時期就讓牠們學會也習慣「與父母短暫的分離」是正常的。

不要認為把狗放置在狗籠裡是可憐或殘忍的事情，除非你把狗籠視作為懲罰的工具，狗籠才會是監牢。若是有看過圖片或紀錄片，你會發現，在野外，母狗會帶著幼犬住在洞穴裡，牠們是不會讓幼犬到處亂跑的，就像我們養育嬰兒時也有嬰兒床一樣，我們不會讓嬰兒到處跑，到處睡。只不過，通常母狗帶著幼犬住的洞穴空間不大，主要是讓牠們能躲藏、休息和睡覺，有時洞穴甚至小到牠們無法站立，所以每隔一段時間，母狗會帶領幼犬離開洞穴在外大小便以及玩耍，之後再回去洞穴休息。而在家裡，狗籠就是幼犬的洞穴，所以，一定要設置狗籠，讓牠們有自己的空間。

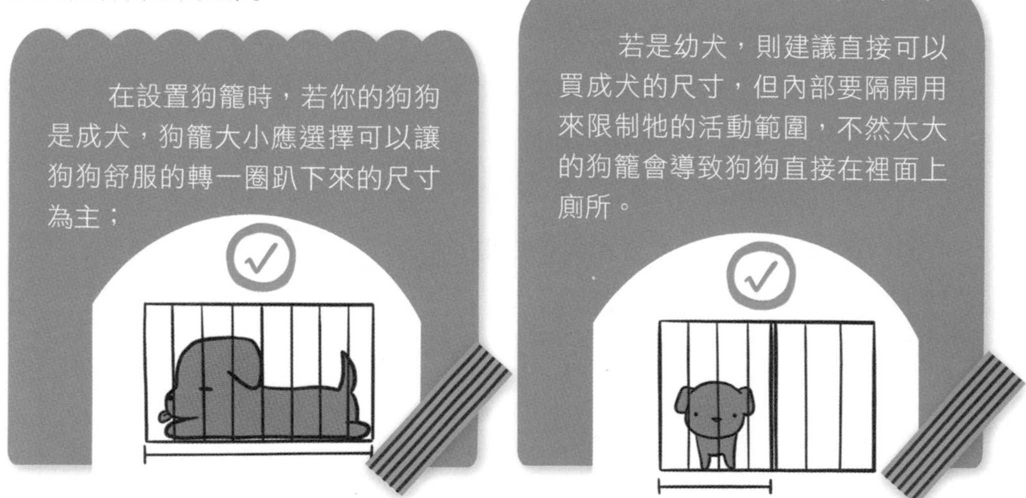

▲如何讓幼犬習慣狗籠？

並不是所有的幼犬都能習慣狗籠，這時就必須要教導狗習慣待在狗籠裡，**你可以利用「進去」、「睡覺」、" IN "...... 等等簡單以及清楚的指令，就能讓狗狗知道你想讓牠進去狗籠裡；也可以利用點心或在狗籠裡餵食讓狗狗更喜歡待在裡面。**

我們這次教育的柴犬名字是 Taurus，牠的主人在牠進家門之前即已經接受正確諮詢，所以一回家就已經教育讓牠習慣睡在狗籠和在圍欄裡玩耍。

在教導 Taurus 習慣狗籠時，剛開始是先放置小點心吸引 Taurus 進去，但不關門，牠還是可以走出來，然後再用點心吸引牠回去籠子，就這樣一直反覆幾次之後，Taurus 已經開始知道乖乖的待在裡面就有點心吃。當牠意識到在籠子裡就有點心吃，下一步我們可以試著把門關起來，但時間不要過長，只要短短的幾秒就好，看到 Taurus 還是乖乖的，我們立即給點心表示稱讚；但若這期間牠開始吵鬧，則採取不予理會的方式，直到牠冷靜下來，我們再馬上給點心，慢慢的牠就可以乖乖待在籠子裡超過一小時以上。

溫馨小提示

在狗狗習慣狗籠過程中，若是想以稱讚或撫摸作為獎勵也可以，不過若想加速此過程，最好還是以點心為主。點心的選擇最好以狗狗專用的起司條或狗狗專用肉乾撕成一小小塊就好，因為點心只是讓狗狗覺得受到獎勵了，而不是為了要吃飽喔！

▲如何學習開門也不出來？

要讓幼犬學會控制自己的衝動是非常需要有耐心的，尤其是遇到頑皮的小柴。所以開門時，如何教導牠抵抗內心的衝動而自願乖乖坐下就是一門學問。**教育過程中，切忌使用「坐下」指令**，我們是要狗狗發自內心控制自己的衝動進而冷靜坐下，並不是因為有指令或有點心而冷靜。

開始教育開門也不出來時，可以先開一小縫，不要一下就開很大，因為狗會馬上跑出去讓你追。果然，一開門時，Taurus 早以迫不及待地想出來，我們馬上把門關上，等待牠冷靜下來後，再開大一點點，若牠還是冷靜沒有衝出來，則馬上表揚；但，如果牠迫不及地動了起來，就要立刻把門關上，等待 Taurus 自行冷靜後，再重頭開始。就這樣一直慢慢把門越開越大，直到門全打開，Taurus 還是乖乖的冷靜坐下等到 "Come"（來）的指令時，才讓牠出來。

這個動作對幼犬有很大的學習益處，不僅僅讓幼犬學習控制自身的衝動，**也透過這練習達到讓幼犬尊重主人和”Come”的這個指令。**

為狗狗安排適合的行程表

原本 Taurus 回家時連大小便都不會，到處亂破壞，真的讓主人頭疼不已，而主人又必須時時盯牢著牠，真是心力交瘁。但開始有了時間表之後，Taurus 知道何時回去睡覺，何時出來廁所，何時出來玩。在牠回去休息睡覺時，主人能有自己的時間做自己的事情；出來玩時，主人也可盡心的陪 Taurus 玩。

為狗狗安排行程表非常的重要！透過訂製時間表，主人開始正確的管理 Taurus 的食衣住行，並確定地執行三小時在狗籠裡，之後一小時出來。出來第一件事情先廁所，但若是吃飯時間，請先餵食完再出去廁所。當看見狗狗上完廁所，立即給予小點心作為獎勵。

行程表該怎麼訂定呢？

舉例來說，兩個月大的幼犬

- 清晨 **5 點**先去上廁所，然後回籠
- 早上 **8 點**先吃飯、廁所、玩耍；早上 **9 點**回籠
- 中午 **12 點**吃飯、廁所、玩耍，然後下午 **1 點**回籠
- 下午 **4 點**吃飯、廁所、玩耍，然後下午 **5 點**回籠
- 晚上 **8 點**吃飯、廁所、玩耍，晚上 **9 點**回籠
- 夜晚 **11 點**廁所，然後午夜 **12 點**回籠。若是沒有時間陪牠玩，這一小時也可以直接上完廁所就去睡覺

多數人不了解使用行程表的重要性，以為給剛帶回家的幼犬 / 成犬在家極度的自由就是讓牠們開心、對牠們好的方式。**其實，放養狗狗是非常不正確的觀念，**尤其當狗狗已經是我們家庭的一分子，更不能讓牠們在沒有規矩的情況下到處亂跑，直到牠們開始破壞物品後才去怪牠們。

另外，許多的主人也常忽略了很重要的一點，就是幼犬必須要有適當的睡眠，**兩個月大的幼犬一天至少要睡十五個小時**，和人類小寶寶一樣。所以，當我們開始正確的管理幼犬／成犬的食衣住行時，自然的牠們就會開始尊重我們。

如何正確並有效地引導上廁所

在引導上廁所時，我們必須遵照著狗狗的天性，也就是當牠們一旦認定狗籠是吃飯睡覺的地方，就絕對不是廁所的地方。

當 Taurus 在狗籠裡，牠不喜歡把自己睡覺的地方弄髒，於是會憋著不廁所，所以出來第一件事情，就是大小便。這時可以順便給予指令去尿尿或是去便便，去了廁所之後立即給予獎勵，習慣之後，Taurus 可是尿得很準的喔！

教導幼犬如何正確大小便需要很多的耐心以及時間，尤其是第一次，無論是教導室內還是室外，一定要**等待到幼犬／成犬上完廁所後，才可以陪牠們玩**。主人若沒太多時間跟著幼犬，教育就會比較緩慢。再來幼犬的膀胱肌肉尚未發育完全，無法憋尿太久，所以當在外面遊玩時或大量喝水完後，會直接就近找地方尿，請在上廁所後的半小時或大量喝水之後，立即再一次的帶回去上廁所。

溫馨小提示

請務必等到狗狗上完廁所之後才可以遛狗或跟狗狗玩。

幼犬和人類的小嬰兒一樣，都是需要教導才知道廁所在哪裡（許多人類小孩到大一點時都還會尿床）。不過若幼犬訓練幾個月還是一樣亂廁所，就要帶去詢問獸醫是否有健康問題（膀胱炎等）。

還有一點必須要知道，若是幼犬／成犬不小心尿錯地方，我們應該怎麼做？

老舊的錯誤方式（雖然還是有一堆人相信）是抱狗狗過去聞自己的排泄物，然後斥責，希望藉由此懲罰方式讓狗狗了解不要上錯地方。不過，狗狗對自己一分鐘或兩分鐘之前所做的事情已全然不記得，牠們只活在當下，越是斥責，狗會越混亂，越不知道自己做錯了什麼事情。例如，一隻狗在一分鐘之前在地板上便便，然後再走去啃牠的骨頭，這時主人氣沖沖地走過來抓住牠去聞排泄物，牠會直覺地認為「啃骨頭」是一件壞事情，所以才讓主人這麼的生氣。

我知道許多人會說：「可是罵牠時，牠會一臉羞愧樣。」或「牠上了廁所馬上就跑掉，證明牠知道自己是做錯事情。」

事實並非如此！

第一，狗狗不會有羞愧感或罪惡感。人類小孩只有到四歲或五歲才開始有羞愧感，在這之前是不會有的。請問，狗狗的智商可以高到像四歲或五歲小孩一樣有羞愧感或罪惡感嗎？狗狗的智商最高只到三歲小孩，大部分都是如兩歲小孩一樣的智商。

第二，狗狗的反應是日積月累學習來的。當第一次牠們上錯廁所時，我們大聲的斥責牠們，牠們會有害怕的反應，以至於以後只要我們臉部表情不對勁，牠們就會知道我們要斥責牠們了，就會反射有害怕的反應，但與有沒有上錯廁所

完全是兩回事；甚者，牠們直覺認為上廁所本身就是一件壞事情，因為只要一上廁所，主人就會生氣，所以一上完馬上就跑掉。當然也有利用亂上廁所來宣洩壓力和引起主人注意的狗狗。

那麼我們在狗狗上錯廁所時，應當怎麼做才是正確？除非你當下看到狗狗正在廁所，馬上拍手喝止狗狗，多數都會停止不上，這時趕快帶去指定地點上廁所，然後稱讚狗狗表現好；但如果已經發生了，那麼，什麼也都不要做，就先自行清理乾淨。

若是狗狗明明已經知道在哪裡上廁所，但卻故意走到我們面前上廁所，試圖引起我們注意來追牠們，又該怎麼做呢？在都已經知道狗狗是故意上廁所，藉以讓我們和牠去玩追逐遊戲時，我們當然不可以上當啊！所以一樣要視而不見，連看都不要去看牠們，就讓牠們故意尿、故意上，然後等牠們覺得無趣走掉後，再做清理。但重點是，**若是狗狗在指定地點上廁所時，一定要好好的稱讚或獎勵牠們喔。**

第一星期對於主人以及 Taurus 都是非常大的挑戰，Taurus 在熟悉新環境的同時，又要學習新規矩以及要學習在哪裡廁所，所以主人必需要學習更有耐心的去教導 Taurus 以及一直多方面獎勵 Taurus 的好行為。只要好好地照著正確方法，第一星期就會開始看到狗狗有良好的表現喔。

第二週
教育幼犬第二課：名字訓練、吃飯禮儀以及不可張嘴訓練

在第一星期，主人和 Taurus 已經學習到如何正確地一起相處，Taurus 也學習到好好的上廁所以及基本的尊重主人。接下來這星期，我們要再給 Taurus 更多的挑戰，讓 Taurus 可以一步步的成為行為良好的幼犬。

熟悉名字練習

讓 Taurus 習慣自己的名字，第一步是要讓牠先知道名字是有好處的，所以最快的方法是**每次吃飯時先做個小訓練：**

1. 一顆一顆餵食：狗飼料通常都是最好的選擇，一顆一顆餵食讓狗狗可以先學習坐下吃飯、學習名字訓練、學習有耐心等待、學習食物是由我們提供。

2. 餵食進階訓練：在做訓練時，前面十顆讓 Taurus 先坐下後再給予食物，當 Taurus 開始知道坐下才有食物，接下來 10-15 顆飼料就可以做名字訓練。我們每提供一顆飼料就叫一次 Taurus，才幾次練習，Taurus 就已經知道了自己名字，每次一叫 Taurus，牠就看著我們，表示已經熟悉自己的名字。

在教導名字練習最重要的一點是，叫狗狗的名字時一定只有好事情發生，所以在給點

心要叫名字，討抱抱時也叫名字，撫摸時也叫名字，要不斷地加強讓狗狗了解到只要一叫 Taurus，就會有好事。

狗狗其實並不知道自己名字背後的意義，牠們只知道我們每次叫名字之後發生的事情，所以我們要確定每次叫 Taurus 都只有好事情發生，那麼以後每次叫 Taurus，牠就會過來。

這也表示，以後若**狗狗做錯事情時，千萬不要叫牠們的名字，那樣只會讓牠們感到困惑**，例如，如果每次父母打電話給我們，永遠都是好事，我們自然會很開心地接電話；但如果每次打電話都是責罵，當然就不想這麼快接電話；若是好事和壞事參半，我們還是會猶豫要不要接電話。狗狗也是如此想法，所以要切記，叫名字必須都是只有好事情發生的時候。

吃飯禮儀

前面已經說到給予 10 顆食物時，等待 Taurus 坐下才餵食，記住！期間千萬不可說"sit"或「坐下」等等指令，我們是要 Taurus 自己學習到坐下後才有食物吃，而不是經由指令。再者，給予食物時，Taurus 若起身了，馬上不給予食物，**要讓牠慢慢的學習到屁股必須著實的在地上才有食物吃。**

在之前熟悉名字時，已經經由 10 顆狗食一顆一顆餵的方式完成讓牠能確實坐下的訓練，再加上 10-15 顆名字訓練，接下來的食物就可以慢慢放下。放下期間 Taurus 沒什麼耐心，一直想起來吃，這時，我們馬上把食物高高舉起，等到牠安靜坐下來，主人說 "Good" 時再把食物放下。需要注意的是，在做此練習時，不要給幼犬「坐下」或「等待」的指令，我們需要幼犬自身確實做到，而不是因為有指令下達後才做到。

就這樣反覆了好幾次，原本任性的 Taurus 已經知道牠若動了就沒有東西吃；但一不動，食物盆就會由天而降。終於食物盆放在地上，牠也可以乖乖的不動直到我們說 "Okay，go!" 牠才去吃。

聰明的 Taurus 還能舉一反三，連水盆放下去都可以乖乖的等待而不心急。全程我們都沒有說過一次指令或 "NO"，都是在 Taurus 坐下時一直說 "Good"，藉由加強正面行為教育（Positive Reinforcement）來鼓勵 Taurus 乖乖的坐下。

這訓練不只對 Taurus 是個挑戰，對我們和主人也是極大的挑戰。聰明的 Taurus 個性上實屬強勢，喜歡我行我素，若遇到被控制的情況，或牠不喜歡你摸牠的頭，或想你陪牠玩，便想張嘴威脅人，甚至會用點力來咬人。尤其牠的小尖牙像個魚鉤，一不小心就會被劃破，這時我建議**主人可以利用防咬手套來保護自己**。

在尚未接受教育前，主人上網查過，停止張嘴可利用「喊痛」的方式，讓幼犬知道這樣咬主人會痛。沒想到這方法對 Taurus 來說更加興奮，當牠一聽見主人因為疼痛而哎叫，牠整個眼神開始發亮，因為牠感受到的是獵物的喊叫。要知道，小柴可是天生的獵人，越是喊痛，牠越把你認為是獵物。基於 Taurus 本身喜歡備受注意，我們採取每次牠一張嘴，我們立即停止和牠玩，暫停十分鐘。等到 Taurus 安靜下來，獎勵牠，再重新來一次。聰明的 Taurus 馬上就知道人們不喜歡牠張嘴，為了討好我們，牠只好忍住自己不張嘴。

第二星期的教育，Taurus 對人已經有了很大的尊重和信任，牠也比起第一星期還要冷靜，廁所基本上也能在尿布上，在狗籠裡也可以乖乖的休息待著直到要上廁所以及遊玩的時間到來。接下來，Taurus 還將面臨什麼樣新的教育任務呢，讓我們拭目以待！

第三週
教育幼犬第三課：玩遊戲、加強不可咬人、不可撲人訓練

「玩耍」在幼犬時期占了非常重要的一環，尤其像 Taurus 一樣的小獵犬，每天都充滿了活力，而當活力沒處發洩時，就會開始搗蛋、亂咬東西、亂叼物品……讓主人煩惱。這時候，我們可以利用牠們的獵犬天性來安排一系列的遊戲，不過無論如何，**這些室內小遊戲還是無法取代室外盡情奔跑追逐的樂趣，只能暫時性的讓牠們得到滿足，平時還是需要加上室外的運動才可以。**

如何和幼犬開心的玩遊戲

遊戲一：追逐玩具

我們利用狗繩把一個填充玩具綁起來，然後開始模擬小動物在跑的樣子，果然，Taurus 眼睛一亮，衝過來開始想咬著，我們馬上利用狗繩把玩具迅速晃到另一邊，Taurus 更興奮，隨即衝到另一邊想抓住玩具，就這樣充分利用狗繩的長度讓 Taurus 追著玩具跑，很快地，Taurus 已經消耗了很多的精力；而在牠咬住玩具時的同時，我們也可以教牠 "Drop"（放下）的指令，讓牠放下玩具。

這遊戲不需要大地方，既簡單又可消耗幼犬那精力充沛的時期。不過此遊戲千萬不要變成拉扯遊戲，拉扯遊戲對個性已經強勢的幼犬是非常不適合的。幼犬會透過拉扯遊戲來挑戰主人權威，也透過拉扯遊戲了解到自己牙齒真正的咬合能力，更會讓幼犬學習一旦咬著物品後，不要鬆嘴，未來恐會演變為非常麻煩的行為問題。所以**當狗狗咬著玩具不肯鬆口時，我們可以透過點心來教育"Drop"（放下）的指令。**

✚ 遊戲二：捉迷藏

這遊戲的好處是讓 Taurus 可以更加強對自己名字的反應，藉由此遊戲讓牠知道若主人叫了名字是代表要和牠玩，讓牠更開心，更願意一叫就過來。

這遊戲需要兩個人搭檔一起配合。

遊戲一開始，一個人去躲起來，而另一個人可以握住狗繩數到 20，然後躲起來的人開始大叫 "Taurus"。若 Taurus 沒反應，握住狗繩的人可以引導 Taurus 去躲藏地點，當找到躲藏的人時，要很誇張的抱住 Taurus，以高分貝的聲音說：「你找到我了！」然後給予點心。這遊

戲從頭到尾都要很開心，若找不到躲藏的人，牽著狗繩的人可以很興奮的問：「Taurus，人在哪裡？」慢慢的 Taurus 就開始會玩捉迷藏了。

請記得，捉迷藏只是個遊戲，若是**幼犬找不到躲起來的人或是不願意去找人，不要對牠們生氣**，相反的要去引導狗狗來玩，可以先找出狗狗喜歡的物品，讓躲藏的人拿著，藉此加強狗狗去找人的興奮度。

✚ 遊戲三：到指定人位置

此遊戲可讓 Taurus 學習家裡不同人的稱呼，在未來，只要一叫爸爸或媽媽，Taurus 便會精準地跑去找指定人。

一開始，先讓毛爸牽著牽繩，然後說：「去找媽媽。」接下來帶著 Taurus 走去媽媽那裡，然後由媽媽給點心和一個愛的抱抱；之後再由媽媽帶著牽繩說：「去找爸爸。」之後帶牠走去爸爸那裡，由爸爸給點心和愛的抱抱。經由不斷的教導，在非常短的時間內，Taurus 已經學會如何去找爸爸和媽媽了。

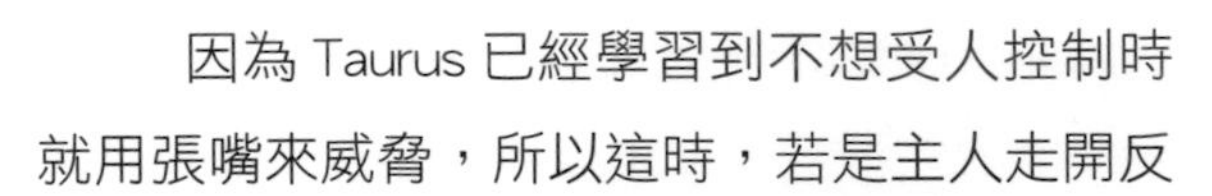

這週 Taurus 雖然已經可以做到摸牠時不太張嘴，但如果想拉項圈或抱住牠不讓牠亂跑時，便會用嘴來威脅人，甚至出低吼聲音來嚇唬人，所以這週要開始更進一步加強。

因為 Taurus 已經學習到不想受人控制時就用張嘴來威脅，所以這時，若是主人走開反而會更讓牠得逞，牠會更想要張嘴來威脅。網路上或其它書上有一種教法是輕握著牠們的嘴，説 "NO"，然後等待幼犬冷靜後放開。不過我比較不喜歡此作法，因為**第一，此作法不適用於扁臉的狗；第二，有些狗會因此更不喜歡人碰牠們的嘴。**

我建議的進階不可張嘴作法是仿照母狗帶幼犬的方式，當 Taurus 一張嘴時，手要馬上不動，然後握拳，防止牠咬到手指，另一隻手則可以扣著項圈，但手要放輕鬆，不要硬抓，這動作主要是不讓牠跑走。

此時的 Taurus 因為不想被控制就開始咬拳頭，當牠開始知道咬已經起不了作用時，牠慢慢的就會安靜停下來，我們這時給牠一個大大的擁抱以及許多的口頭獎勵，幾次之後，Taurus 已經開始不會因為主人想控制牠而張嘴。

在用這個作法時有一點必須要注意！因為幼犬的牙齒比較尖，加上人的皮膚嬌嫩，有可能在教育過程會導致人的皮膚不小心被幼犬的尖牙劃傷，所以建議帶防咬手套進行。

不可撲人訓練

Taurus 常在人來的時候因為興奮會一直想撲人，許多人因為電視、電影等等錯誤的資訊傳達，認為狗狗在撲人時是因為開心，喜歡你才會撲向你。事實上不盡然全是，我教過不少成犬都是在撲人後，若是沒有得到主人的注意力，就會開始張嘴或抓人來進一步取得注意力。如果有看過狗狗們在一起玩耍時，不難發現牠們都是互相撲來撲去，藉此來比較誰比較強勢、誰比較弱勢，所以一定**不能讓狗狗養成用撲人來達成目的的習慣。**

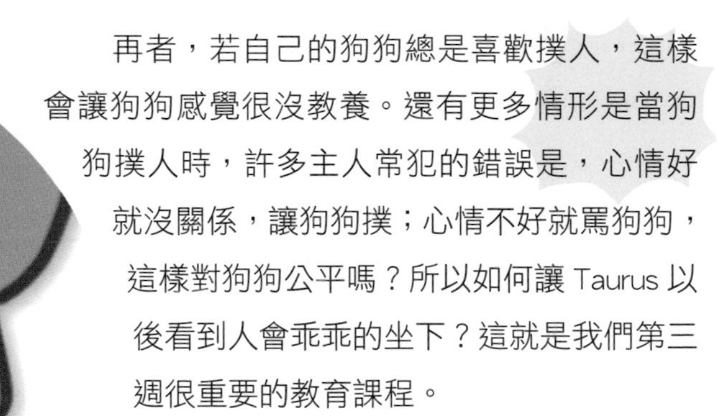

再者，若自己的狗狗總是喜歡撲人，這樣會讓狗狗感覺很沒教養。還有更多情形是當狗狗撲人時，許多主人常犯的錯誤是，心情好就沒關係，讓狗狗撲；心情不好就罵狗狗，這樣對狗狗公平嗎？所以如何讓 Taurus 以後看到人會乖乖的坐下？這就是我們第三週很重要的教育課程。

「圍欄」是剛開始教育不可撲人最好的工具，因為讓Taurus知道，當牠一興奮，就沒有注意力；但乖乖坐下後，立即有注

意力，加上因為有圍欄阻擋，牠無法直接就到人的身邊，所以牠也只好努力控制自己乖乖坐下等主人來摸牠或注意牠，但只要牠一站起來，興奮了，我們馬上就會離開牠。聰明的 Taurus 在反覆幾次之後，就知道要乖乖坐下等人摸了。

教育進行到第三週，Taurus 有了很明顯的進步，也長大了不少，尤其是上廁所，確實讓主人輕鬆了許多。而原本淘氣的 Taurus，現在也開始會乖乖的坐下來讓人摸；也因為有了遊戲，牠充沛的精力能得以發洩。繼續還有什麼樣的課程在等著 Taurus 呢？讓我們再來看看牠下星期的改變吧！

第四週

教育幼犬第四課：保持冷靜，防止壞行為發生

最後一堂課程，我們的 Taurus 也從什麼都不懂到現在學習了非常多的禮儀，包括吃飯自行坐下、好好廁所、學會控制張嘴和控制撲人等等。而也因為開始知道如何玩遊戲，多餘的精力也能得到正確的釋放，加上每天正確的時間表，主人控制何時休息、何時出籠子、何時廁所、何時吃飯……每次出來時，主人也都可以盡心盡力的陪著 Taurus，當牠累了之後，便會乖乖的回去籠子睡覺休息。在這最後一個星期，我們要教 Taurus 能更進一步的學會保持冷靜，以及讓主人知道如何提早防止壞行為的發生。

保持冷靜

「冷靜」是學習過程中非常重要的一環，藉由此簡易練習可以教導狗狗乖乖的待在你身邊增進關係、培養耐心，好處多多喔！而且不論是在看電視、打電腦、寫功課、打報告或工作時等等，都是可以利用這些時候來做的練習。此練習在北美也被廣泛的用於訓練導盲犬、搜救犬、服務犬等等。

狗狗冷靜的方法

步驟一：讓 Taurus 上項圈，繩子。

步驟二：腳踩著狗繩，不可太長，長度大概容許 Taurus 坐下或趴下為主。

步驟三：這時 Taurus 開始咬繩子，開始想掙扎以及哀叫，但只要在牠尚未冷靜前所做的一切事情我們都要直接忽略。記得，在反抗期間，千萬不可看，不可摸，也不可和牠們說話。

步驟四：當冷靜下來時，馬上給予高度的關懷，稱讚。此時 Taurus 又開始興奮，我們馬上不理，直到牠自動自發坐下或趴下冷靜了之後，再一次給予關懷。

這練習看似簡單（沒錯，真的很簡單），但「時機」是重點，主人要自己控制著如何在 Taurus 煩躁時，不給予注意而等到冷靜下來才給予關懷是比較困難的，尤其聰明的狗狗，像 Taurus 會去咬主人的腳，所以主人可以穿鞋子來保護。在經過多次練習後，因為有了我們的冷靜對待，Taurus 也已經學會冷靜下來了。記得，主人經常性的負面情緒也會導致狗狗經常有負面情緒產生，一定要多用正面態度教育，才會讓牠們更開心，也更懂社交。

進階保持冷靜，降低敏感性格

當 Taurus 已經了解到踩牽繩就必須冷靜下來後，我們給予了一連串會讓牠興奮的刺激，比方說在牠面前跑來跑去、興奮地去摸牠、按門鈴、請朋友來家裡用非常興奮的聲音叫喚牠……等等會引起牠興奮的事物，只要牠一開始興奮，我們就踩著牽繩，不讓牠亂跑，等待牠冷靜後才給予點心或稱讚獎勵。等到牠在室內開始學習冷靜後，就可以帶到室外接受更多外界的刺激。

防止壞行為的發生

俗話說得好：「預防勝於治療。」幼犬在成長過程中，是經過不斷的學習。牠們不知道什麼是壞行為或好行為，牠們只知道做了這件事情之後所發生的結果，正因為如此，在 Taurus 尚未學到壞行為之前，我們要去預防它。

Taurus 對於盆栽、電線、地毯等等都很感興趣，所以在家裡，最好讓 Taurus 帶著繩子走，**見到牠想開始亂咬物品時，可以即時踩住繩子，叫牠過來，給牠玩具咬，然後稱讚牠。**經常如此做，Taurus 就知道咬玩具可以得到許多稱讚。

另外，許多的狗狗非常喜歡咬垃圾，對於這樣的壞行為，我們在 Taurus 尚未接觸前，先做好防範措施，讓垃圾桶都是有加蓋，或放在水槽下的櫥櫃裡，如此一來，牠便沒有機會去吃或咬垃圾了。

關於張嘴或撲人的壞行為，我們之前在第三週已經教過，所以牠目前沒有這樣的壞行為了。至於有些狗狗在看到人或看到狗時會激動或害怕，因為連三週以來，我們加強了的正面行為教育，自然牠不會害怕人；我們也開始安排 Taurus 上社交課程以及集體課程，這對於預防 Tuaurs 看到人或狗時會激動，有百分百的幫助。

四堂課程過得非常快，我們從原本很激動、完全不懂任何規矩、亂上廁所的 Taurus，教到牠已經知道基本的禮儀，這對才 3 個多月大的幼犬是非常有意義的。**因為採取加強正面行為教育，大大的降低 Taurus 學習過程中的壓力，也讓牠在快樂開心的學習環境中成長**，讓牠學習到信任人、尊重人，進而服從我們，而這比讓牠們一開始去學習指令、握手或翻滾等等更重要，更能幫助幼犬自我控制，以及增進牠們的信心和服從能力。

這課程不只針對幼犬，連領養來的狗狗或是不懂禮儀的成犬都很有效果喔！好的開始是成功的一半，狗狗的父母們，你也可以試試看，讓我們一起努力，遵照這四個星期的好狗狗養成禮儀課程，讓所有的狗狗都在接受良好教育下，成為人見人愛的好狗狗。

活得好 063

全圖解！好狗狗四星期教育小學堂

不打不罵，再皮的狗狗都能教得乖

作　　者　謝佳霖 Tom
顧　　問　曾文旭
編輯統籌　陳逸祺
編輯總監　耿文國
主　　編　陳蕙芳
執行編輯　翁芯俐
封面設計　李依靜
內文排版　王晴葳、李依靜
圖片來源　插畫：Luveyxdovey
　　　　　圖庫網站：shutterstock
法律顧問　北辰著作權事務所
初　　版　2020年12月

出　　版　凱信企業集團-凱信企業管理顧問有限公司
電　　話　（02）2773-6566
傳　　真　（02）2778-1033
地　　址　106 台北市大安區忠孝東路四段218之4號12樓
信　　箱　kaihsinbooks@gmail.com

定　　價　新台幣360元 / 港幣120元
產品內容　1書

總 經 銷　采舍國際有限公司
地　　址　235 新北市中和區中山路二段366巷10號3樓
電　　話　（02）8245-8786
傳　　真　（02）8245-8718

國家圖書館出版品預行編目資料

全圖解！好狗狗四星期教育小學堂：不打不罵，再皮的狗狗都能教得乖 / 謝佳霖著. -- 初版- 臺北市 : 凱信企管顧問, 2020.12
　面；　公分
ISBN 978-986-99393-9-3(平裝)

1.犬 2.寵物飼養 3.動物行為

437.354　　　109016413